电网企业员工安全等级培训系列教材

电力电缆

国网浙江省电力有限公司 ◎ 编著

企业管理出版社
ENTERPRISE MANAGEMENT PUBLISHING HOUSE

图书在版编目（CIP）数据

电力电缆/国网浙江省电力有限公司编著.—北京：企业管理出版社，2024.6

电网企业员工安全等级培训系列教材

ISBN 978-7-5164-2951-8

Ⅰ.①电… Ⅱ.①国… Ⅲ.①电力电缆—技术培训—教材 Ⅳ.①TM247

中国国家版本馆CIP数据核字（2023）第186351号

书　　名：	电力电缆
书　　号：	ISBN 978-7-5164-2951-8
作　　者：	国网浙江省电力有限公司
责任编辑：	蒋舒娟
出版发行：	企业管理出版社
经　　销：	新华书店
地　　址：	北京市海淀区紫竹院南路17号　邮编：100048
网　　址：	http：//www.emph.cn　电子信箱：26814134@qq.com
电　　话：	编辑部（010）68701661　发行部（010）68701816
印　　刷：	北京亿友数字印刷有限公司
版　　次：	2024年6月第1版
印　　次：	2024年6月第1次印刷
开　　本：	710mm×1092mm　1/16
印　　张：	11印张
字　　数：	178千字
定　　价：	68.00元

版权所有　翻印必究·印装有误　负责调换

编写委员会

主　任　王凯军
副主任　宋金根　盛　晔　王　权　翁舟波　李付林　顾天雄　姚　晖
成　员　徐　冲　倪相生　黄文涛　周　辉　王建莉　高　祺　杨　扬
　　　　　黄　苏　吴志敏　叶代亮　陈　蕾　何成彬　于　军　潘王新
　　　　　邓益民　黄晓波　黄晓明　金国亮　阮剑飞　汪　滔　魏伟明
　　　　　张东波　吴宏坚　吴　忠　范晓东　贺伟军　王　艇　岑建明
　　　　　汤亿则　林立波　卢伟军　郑文悦　陆鑫刚　张国英

本册编写人员

牛慧文　翟瑞劼　张　鋆　池峻峰　龚永铭
倪相生　熊虎岗　汪　凝

前 言

为贯彻落实国家安全生产法律法规（特别是新《中华人民共和国安全生产法》）和国家电网公司关于安全生产的有关规定，适应安全教育培训工作的新形势和新要求，进一步提高电网企业生产岗位人员的安全技术水平，推进生产岗位人员安全等级培训和认证工作，国网浙江省电力有限公司在2016年出版的"电网企业员工安全技术等级培训系列教材"的基础上组织修编，形成2024年的"电网企业员工安全等级培训系列教材"。

"电网企业员工安全等级培训系列教材"包括《公共安全知识》分册和《变电检修》《电气试验》《变电运维》《输电线路》《输电线路带电作业》《继电保护》《电网调控》《自动化》《电力通信》《配电运检》《电力电缆》《配电带电作业》《电力营销》《变电一次安装》《变电二次安装》《线路架设》等专业分册。《公共安全知识》分册内容包括安全生产法律法规知识、安全生产管理知识、现场作业安全、作业工器（机）具知识、通用安全知识五个部分；各专业分册包括相应专业的基本安全要求、保证安全的组织措施和技术措施、作业安全风险辨识评估与控制、隐患排查治理、生产现场的安全设施、典型违章举例与事故案例分析、班组安全管理七个部分。

本系列教材为电网企业员工安全等级培训专用教材，也可作为生产岗位人员安全培训辅助教材，宜采用《公共安全知识》分册加专业分册配套使用的形式开展学习培训。

鉴于编者水平所限，不足之处在所难免，敬请读者批评指正。

编 者
2024年2月

目 录

第一章 基本安全要求·· 1
  第一节 一般安全要求·· 1
  第二节 常用工器具的安全使用······································ 17
  第三节 现场标准化作业指导书（卡）的编制与应用···················· 25

第二章 保证安全的组织措施和技术措施······························· 31
  第一节 保证安全的组织措施·· 31
  第二节 保证安全的技术措施·· 46

第三章 作业安全风险辨识评估与控制································· 52
  第一节 概述·· 52
  第二节 作业安全风险辨识与控制···································· 54

第四章 隐患排查治理·· 91
  第一节 概述·· 91
  第二节 隐患标准及隐患排查·· 93
  第三节 隐患治理及重大隐患管理···································· 95
  第四节 隐患排查治理案例·· 98

第五章 生产现场的安全设施··· 101
  第一节 安全标志··· 101
  第二节 设备标志··· 112
  第三节 安全防护设施··· 115

第六章 典型违章举例与事故案例分析································ 120
  第一节 典型违章举例··· 120
  第二节 事故案例分析··· 124

第七章 班组安全管理··· 130
  第一节 班组安全责任··· 130

电力电缆

第二节 班组安全管理日常实务 …………………………………………… 132
附录 A 标准化作业指导书（卡）范例 ……………………………… 141
　　电缆线路运行作业指导书（卡） ………………………………… 141
附录 B 作业现场处置方案范例 ……………………………………… 154
　　【方案一】作业人员应对突发高处坠落现场处置方案 ………… 154
　　【方案二】作业人员应对电缆隧道防汛应急抢险现场处置方案 ……… 156
　　【方案三】作业人员应对突发高压触电事故现场处置方案 ………… 157
　　【方案四】作业人员应对突发坍（垮）塌事件现场处置方案 ………… 159
　　【方案五】工作人员应对有毒气体中毒事件现场处置方案 ………… 161
　　【方案六】工作人员应对突发交通事故现场处置方案 …………… 163
　　【方案七】工作人员应对动物（犬）袭击事件现场处置方案 ………… 164

第一章
基本安全要求

第一节 一般安全要求

一、电缆及通道基本工作要求

1. 电缆及通道运维要求

(1) 电缆及通道运行维护工作应贯彻"安全第一、预防为主、综合治理"的方针,严格执行《安规》[①]相关规定。

(2) 运维人员应熟悉《中华人民共和国电力法》《电力设施保护条例》《电力设施保护条例实施细则》《国家电网公司电力设施保护工作管理办法》等法律法规和公司有关规定。

(3) 运维人员应掌握电缆及通道状况,熟知有关规程制度,定期开展运行分析,提出相应的事故预防措施并组织实施,提高设备安全运行水平。

(4) 运维人员应经过技术培训并取得相应的技术资质,认真做好所管辖电缆及通道的巡视、维护和缺陷管理工作,建立健全技术资料档案,并做到齐全、准确,与现场实际相符。

(5) 运维人员应参与电缆及通道的规划、路径选择、设计审查、设备选型及招标等工作。根据历年反事故措施、安全措施的要求和运行经验,提出改进建议,力求设计、选型、施工与运行协调一致。应按相关标准和规定对

[①] Q/GDW 1799.1—2013《国家电网公司电力安全工作规程 变电部分》、Q/GDW 1799.2—2013《国家电网公司电力安全工作规程 线路部分》、Q/GDW 10799.8《国家电网公司电力安全工作规程 配电部分》。

新投运的电缆及通道进行验收。

（6）运维管理部门应建立岗位责任制，明确分工，做到每回电缆及通道有专人负责。每回电缆及通道应有明确的运维管理界限，应与发电厂、变电站、架空线路、开闭所和临近的运行管理单位（包括用户）明确划分分界点，不应出现空白点。

（7）运维人员应全面做好电力电缆及通道的巡视检查、安全防护、状态管理、维护管理和验收工作，并根据设备运行情况，确定工作重点，解决设备存在的主要问题。

（8）运维人员应开展电力设施保护宣传教育工作，建立和完善电力设施保护工作机制和责任制，加强电力电缆及通道保护区管理，防止外力破坏。进行邻近电力电缆及通道保护区的打桩、深基坑开挖等施工时，应要求对方做好电力设施保护。

（9）运维人员对易发生外力破坏、偷盗区域和处于洪水冲刷区易坍塌等区域内的电缆及通道，应加强巡视，并采取针对性技术措施。

（10）运维人员应建立电力电缆及通道资产台账，定期清查核对，保证账物相符。对与公用电网直接连接的且签订代维护协议的用户电缆应建立台账。

（11）电力电缆设备的标志牌要与电网系统图、电缆走向图和电缆资料的名称一致。

（12）电缆及通道运维管理部门应积极采用先进技术，实行科学管理。新材料和新产品应通过标准规定的试验、鉴定或工厂评估合格后方可挂网试用，在试用的基础上逐步推广应用。

（13）变、配电站的钥匙与电力电缆附属设施的钥匙应专人严格保管，使用时要登记。

2. 电缆及通道检修的一般要求

（1）电缆及通道检修应坚持"安全第一，预防为主，综合治理"的方针，以及"应修必修、修必修好"的原则，严格执行 Q/GDW 1799.2《国家电网公司电力安全工作规程　线路部分》的有关规定，并确保人身、电网、设备的安全。

（2）电缆及通道的检修工作应大力推行状态检测和状态评价，根据检测和评价结果动态制定检修策略，确定检修和试验计划。

（3）工作前应详细核对电缆标志牌的名称与所填写的工作票相符，安全措施正确可靠后，方可开始工作。

（4）填用电力电缆第一种工作票的工作应经调控人员许可。填用电力电缆第二种工作票的工作可不经调控人员许可。若进入变电站、配电站、发电厂工作都应经当值运维人员许可。

（5）关于电缆及通道的检修，检修部门应按标准化管理规定编制符合现场实际、操作性强的作业指导书，组织检修人员认真学习并贯彻执行。

（6）检修电缆及通道时，检修部门应积极采用先进的材料、工艺、方法及检修工器具，确保检修工作安全，努力提高检修质量，缩短检修工期，延长设备的使用寿命和提高安全运行水平。

（7）检修人员必须参加技术培训并取得相应的技术资质，认真做好所管辖电缆及通道的专业巡检、检修和缺陷处理工作，建立健全技术资料档案，在设备检修、缺陷处理、故障处理后，设备的型号、数量及其他技术参数发生变化时，应及时变更相应设备的技术资料档案，使其与现场实际相符，并将变更后的资料移交运维人员。

（8）检修人员开始检修工作前应做好充分的准备工作，必要时应进行现场勘察，对危险性、复杂性和困难程度较大的检修工作应制定检修方案，准备好检修所需工器具（个人工具、试验工具、通信工具等）、备品备件（接地箱、避雷器、保护器、计数器等）及消耗性材料（螺栓、带材、玻璃、热缩套等），落实组织措施、技术措施和安全措施，确保检修工作顺利进行。

（9）检修工作完成后，检修人员应配合运维人员按照标准进行验收，并填写电缆检修报告及相关试验报告。

二、电缆施工的安全要求

1. 基本原则

（1）作业人员应持证上岗。

（2）施工作业应满足相关规程中所涉及的安全技术措施要求，并在施工前组织交底。

（3）安全工器具和施工用具应符合技术检验标准，并附有许用荷载标志；使用前必须进行外观检查，不合格者禁止使用，并不得以小代大。

（4）现场施工作业人员应严格遵守安全工作规程和安全操作规程要求。

（5）对安全措施不全或安全技术措施交底不到位的施工项目，施工作业人员有权拒绝施工。

（6）禁止酒后作业。

（7）进入施工作业区的人员必须正确佩戴安全帽，正确配用个人劳动防护用品。

（8）遇有雷雨、暴雨、浓雾、六级及以上大风时，不得进行高处作业、水上运输、露天吊装、杆塔组立和放紧线等作业。

2. 施工现场的一般要求

（1）施工现场及其周围的悬崖、陡坎、深坑、高压带电区及危险场所等均应设置防护设施及警告标志；坑、沟、孔洞等均应铺设与地面平齐的盖板或设可靠的围栏、挡板及警告标志。危险场所夜间应设红灯示警。

（2）施工现场设置的各种安全设施禁止拆、挪或移作他用。

（3）下坑井、隧道或深沟内工作前，必须用专业检测仪先检查其内是否聚集有可燃、有毒、可能引起窒息的气体，如有异常，应认真排除，确认可靠后，方可进入工作。

（4）施工场所应保持整洁，垃圾或废料应及时清除，做到"工完、料尽、场地清"。坚持文明施工，在高处清扫的垃圾或废料，不得向下抛掷。

（5）现场道路不得任意挖掘或截断。如必须开挖，应事先办理挖掘手续或征得有关部门的同意并限期恢复；开挖期间必须采取铺设过道板或架设便桥等保证安全通行的措施。

（6）在光线不足及夜间工作的场所，应设足够的照明。

（7）危险品仓库的照明等辅助配套设施应满足消防安全管理要求。

3. 工地施工用电的安全要求

（1）工地的施工用电应向当地供电部门提出用电申请。使用自备发电机的工地必须由专人操作。

（2）施工用电设施的安装、维护，应由有资质的电工担任，禁止私拉乱接。

（3）低压施工用电线路应采用绝缘导线，经常移动的低压线应采用软橡胶绝缘导线。

（4）开关箱（电源箱）负荷侧的首端处必须安装剩余电流动作保护装置（漏电保护器），熔丝的规格应按用电容量选用。

（5）开关箱（电源箱）应具备防雨、封闭、上锁功能，电线引出的孔洞四周应有防止割伤电线绝缘的措施，并设警告标志。

（6）工棚内的照明线应固定在绝缘子上，并经常检查、维修。照明灯具的悬挂高度不应低于2.5m，低于2.5m时应设保护罩。

（7）照明灯的开关必须控制火线，使用螺丝口灯头时，零线应接在灯头的螺丝口上。

（8）照明灯采用金属支架时，支架应牢固，并采取接地或接零保护。

（9）电源线路不得接近热源或直接绑挂在金属构件上。在竹木脚手架上架设时应设绝缘子；在金属脚手架上架设时应设木横担。

4. 电缆施工现场的安全要求

（1）电缆直埋敷设施工前应先查清图纸，再开挖足够数量的样洞和样沟，摸清地下管线分布情况，确定电缆敷设位置及确保不损坏运行电缆和其他地下管线。

（2）为防止损伤运行电缆或其他地下管线设施，在城市道路红线范围内不应使用大型机械开挖沟槽，硬路面面层破碎可使用小型机械设备，但应加强监护，不得深入土层。若要使用大型机械设备，应履行相应的报批手续。

（3）掘路施工应具备相应的交通组织方案，做好防止交通事故的安全措施。施工区域应用标准路栏等严格分隔，并有明显标记，夜间施工时施工人员应佩戴反光标志，施工地点应加挂警示灯，以防行人或车辆等误入。

（4）沟槽开挖深度达到1.5m及以上时，应采取措施防止土层塌方。

（5）沟槽开挖时，应将路面铺设材料和泥土分别堆置，堆置处和沟槽之间应保留通道以供施工人员正常行走。在堆置物堆起的斜坡上不准放置工具材料等器物，以免其滑入沟槽伤害施工人员或损坏电缆。

（6）在下水道、煤气管线、潮湿地、垃圾堆或有腐质物等附近挖沟（槽）时，应设监护人。在深度超过2m的沟（槽）内工作时，应采取安全措施，如戴防毒面具、向沟（槽）送风和持续监测等。监护人应密切注意挖沟（槽）人员，防止煤气、硫化氢等有毒气体中毒及沼气等可燃气体爆炸。

（7）挖到电缆保护板后，有经验的人员应在场指导，工作方可继续进行，以免误伤电缆。

（8）挖掘出的电缆或接头盒，如下面需要挖空时，应采取悬吊保护措施。电缆悬吊应每1~1.5m吊一道；接头盒悬吊应平放，不准使接头盒受到拉力；若电缆接头无保护盒，则应在该接头下垫上加宽加长木板，方可悬吊。电缆悬吊时，不得用铁丝或钢丝等，以免损伤电缆护层或绝缘。

（9）移动电缆接头一般应停电进行。如必须带电移动，应先调查该电缆的历史记录，然后由有经验的施工人员，在专人统一指挥下，平稳移动，防止损伤绝缘。

（10）禁止带电插拔普通型电缆终端接头。可带电插拔的肘形电缆终端接头，不得带负荷操作。带电插拔肘形电缆终端接头时应使用绝缘操作棒并戴绝缘手套、护目镜。

（11）开启高压电缆分支箱（室）门应两人进行，接触电缆设备前应验明确无电压并接地。在高压电缆分支箱（室）内工作时，应将所有可能来电的电源全部断开。

（12）锯电缆以前，应与电缆走向图图纸核对是否相符，并使用专用仪器（如感应法）确认电缆无电后，使用遥控双枪电缆扎伤器将枪钉钉入电缆芯，操作时操作人员保持5m安全距离。使用远控电缆割刀断开电缆时，刀头应可靠接地，周边其他施工人员应临时撤离，远控操作人员应与刀头保持足够的安全距离，防止弧光和跨步电压伤人。

（13）开启电缆井井盖、电缆沟盖板及电缆隧道人孔盖时应注意站立位置，以免坠落伤人，同时应使用专用工具。开启后应设置遮栏（围栏），并派人看守。作业人员撤离后，应立即恢复。

（14）电缆隧道应有充足的照明，并有防火、防水、通风的措施。电缆井内工作时，禁止只打开一只井盖（单眼井除外）。进入电缆井、电缆隧道前，应先用吹风机排除浊气，再用气体检测仪检查井内或隧道内的易燃易爆及有毒气体的含量是否超标，并做好记录。电缆沟的盖板开启后，应自然通风一段时间，测试合格后方可下井工作。电缆井、隧道内工作时，通风设备应常开，保证空气流通。在通风不良的电缆隧（沟）道内进行长时间作业时，工作人员应携带便携式有害气体测试仪及自救呼吸器。

（15）充油电缆施工应做好电缆油的收集工作，对散落在地面上的电缆油要立即覆上黄沙或砂土，及时清除电缆油，避免行人滑跌和车辆滑倒。

（16）在10kV跌落式熔断器与10kV电缆头之间，宜加装过渡连接装置，使工作时能与跌落式熔断器上桩头有电部分保持安全距离。在10kV跌落式熔断器上桩头有电的情况下，未采取安全措施前，不得在跌落式熔断器下桩头新装、调换电缆尾线或吊装、搭接电缆终端头。如必须进行上述工作，则应采用专用绝缘罩隔离，在下桩头加装接地线。工作人员站在低位，伸手不准超过熔断器下桩头，并设专人监护。

上述加绝缘罩工作应使用绝缘工具。雨天禁止进行以上工作。

（17）电缆头制作用刀或其他工具时，佩戴防割手套，禁止刀口对着人体；使用电缆刀削剥电缆时不要用力过猛，以防电缆线或刀具戳伤眼睛等。

（18）制作中间接头时，接头坑边应留有人行通道，人行通道上的工具、材料不得妨碍行走，传递物件注意递接递放。

（19）使用携带型火炉或喷灯时，火焰与带电部分的距离：电压在10kV及以下者，不准小于1.5m；电压在10kV以上者，不准小于3m。不准在带电导线、带电设备、变压器、油断路器附近以及在电缆夹层、隧道、沟洞内对火炉或喷灯加油及点火。在电缆沟盖板上或旁边进行动火工作时需采取必要的防火措施。

（20）制作环氧树脂电缆头和调配环氧树脂工作的过程中，应采取有效的防毒和防火措施。

（21）电缆施工完成后应封堵穿越过的孔洞，应达到防水、防火和防小动物的要求。

（22）非开挖施工的安全要求：

1）进行非开挖技术施工前，应首先探明地下各种管线及设施的相对位置；

2）非开挖的通道，应与地下各种管线及设施保持足够的安全距离；

3）通道形成的同时，应及时对施工区域实施灌浆等措施，防止路基沉降。

（23）在有限空间内施工的安全要求：

1）开工前，应对有限空间进行详细的现场勘察，及早发现不安全状况和安全隐患，做出作业风险评估报告；对无法整改的安全隐患，应制定有针对性的应急预案，并向施工人员交代清楚。

2）进入隧道等有限空间作业时，必须确保里面的作业环境、作业程序、防护设施及用品等达到允许进入的条件后，才准进入作业。

3）施工前应检查有限空间内的通风、排水、照明、逃生通道等安全设施条件是否具备且正常。如果不具备施工条件或非正常，应向产权部门提出整改要求，直至具备安全条件后方可入内施工。

4）在有限空间内动火前，必须办理动火工作票，做好各项消防措施。

5）燃油发动机的机器不得在建筑物电缆层、深井（坑）、无窗房间内等不易通风的有限空间内运行使用。

6）禁止在密闭环境中使用燃气喷枪。

7）作业完成后，及时清理现场，检查有限空间内有无易燃物、挥发物材料等遗留。

5. 电缆敷设的安全要求

（1）运输电缆盘时，应有防止电缆盘在车、船上滚动的措施。盘上的电缆头应固定好。卸电缆盘严禁从车、船上直接推下。滚动电缆盘的地面应平整，破损的电缆盘不得滚动。放置电缆盘的地面一定要平整，不得有石块或尖起的地方，防止顶伤电缆。

（2）敷设电缆时，电缆盘放线支架应架设牢固平稳，电缆盘顶起后边缘距地面不得小于100mm，使用定位栓固定，严禁千斤顶在敷设过程中长期受力，电缆应从盘的上方引出，引出端头的铠装如有松弛则应绑紧。

（3）开挖直埋电缆沟时，应取得有关地下管线等资料，施工时应采取措施，加强监护。

（4）敷设电缆前，电缆沟及电缆夹层内应清理干净，做到无杂物、无积水，并应有足够的照明。

（5）敷设电缆应由专人指挥、统一行动，并有明确的联系信号，不得在无指挥信号时随意拉引。

（6）在高处敷设电缆时，应有高处作业措施。直接站在梯式电缆架上作业时，应核实其强度。强度不够时，应采取加固措施。禁止攀登组合式电缆架或吊架。

（7）进入带电区域内敷设电缆时，应取得运行单位同意，办理工作票，采取安全措施，并设监护人。

（8）用机械敷设电缆时，应遵守有关操作规程，加强巡视，并有可靠的联络信号。放电缆时应特别注意多台机械运行中的衔接配合与拐弯处的情况。

（9）电缆通过孔洞、管子或楼板时，两侧必须设监护人，入口侧应防止电缆被卡或手被带入孔内。出口侧的人员不得在正面接引。

（10）敷设电缆时，拐弯处的施工人员必须站在电缆、转角或牵引绳的外侧。

（11）敷设电缆时，临时打开的隧道孔应设遮栏或警告标志，完工后立即封闭。

（12）不得在电缆上攀吊或行走。

（13）电缆穿入带电的盘内时，端部必须绝缘封头处理，盘上必须有专人接引，严防电缆触及带电部位。

（14）原则上 66kV 以下与 66kV 及以上电压等级电缆宜分开敷设。

（15）电力电缆和控制电缆不应配置在同一层支架上。

（16）同通道敷设的电缆应按电压等级的高低从下向上分层布置，不同电压等级电缆间宜设置防火隔板等防护措施。

（17）重要变电站和重要用户的双路电源电缆不宜同通道敷设。

（18）通信光缆应布置在最上层且应设置防火隔槽等防护措施。

（19）交流单芯电缆穿越的闭合管、孔应采用非铁磁性材料。

（20）垂直敷设、超过 45° 倾斜敷设或桥架敷设时，电缆刚性固定间距应不大于 2m。

6. 防止感应电触电的安全措施

（1）为了切实防止感应电伤人事件发生，消除感应电危害，工作班工作人员应在工程实施全过程中贯彻执行《安规》和《国家电网公司安全技术劳动保护七项重点措施（试行）》有关防止感应电伤人的规定。

（2）现场勘察时应检查：工作线路是否有邻近平行或交叉带电线路；同杆架设线路一回停电一回带电情况；同沟敷设在运行电缆线路旁的新建电缆线路情况；变电站内停电的电缆线路。如有感应电可能发生则列为危险点控制，在施工方案、试验方案中采取相应技术措施。

（3）开班前会上，工作负责人应把可能产生感应电的部位列为危险点，进行分析和预控；现场安全交底时，应布置工作人员使用个人保安线；在有感应电的设备上工作时，应设专责监护人。

（4）对已停电的线路或设备，不论其正常接入的电压表或其他信号是否指示无电，均应验电。验电时，应按电缆线芯电压等级选用相应的验电器，电缆金属护套也应验电。

（5）放电应采用专用的导线，用绝缘棒或开关操作，人手不得与放电导体相接触。注意：线与地之间、线与线之间均应放电。电容器和电缆的残存电荷较多，最好用专门的放电设备进行放电。

（6）为了防止意外送电和二次系统意外的倒送电，以及消除其他方面的感应电，应在工作线路（含电缆）人体接触部位装设必要的临时接地线。临时接地线的装拆顺序要正确，装时先接接地端，拆时后拆接地端。

（7）在与带电线路相邻的情况下，工作前应对电缆金属护套、外半导电层、线芯均进行放电，然后临时接地，保证接地牢固。电缆附件制作安装和搭头工作时如需断开临时接地，工作班成员必须向工作负责人说明情况，征得工作负责人同意后，方可变动安全措施。

（8）当工作现场布置的安全措施妨碍检修（试验）、施工安装工作时，工作班成员必须向工作负责人说明情况，由工作负责人征得工作许可人同意后，方可变动安全设施，变动情况应及时记录在值班日志内。

（9）停电检修工作中，如人体与其他带电设备的距离较小，10kV 及以下者的距离小于 0.35m，20~35kV 者小于 0.6m 时，该设备应当停电，如距离大于上列数值，但分别小于 0.7m 和 1m 时，应设置遮栏，否则也应停电。停电时，应注意切断所有能够给检修部分送电的线路，并采取防止误合闸的措施，而且每处至少要有一个明显的断开点。对于多回路的线路，要注意防止其他方面突然来电，特别要注意防止低压方面的反送电。

（10）在部分停电检修时，应将带电部分遮拦起来，使检修工作人员与带电导体之间保持一定的距离。在临近带电部位的遮栏上，应挂上"止步，高压危险！"的标示牌等。

三、电缆试验的安全要求

（1）严格执行《安规》《电力电缆线路试验规程》及相关安全工作规定。

（2）高压试验相关人员必须明确自己的安全职责，掌握高压试验中保证安全的组织措施和技术措施以及高压试验现场作业中有关安全工作的要求。

（3）在雷雨及恶劣天气下，禁止在室外变电站或室内的架空引入线上进行高压试验。

（4）高压试验一般宜在白天进行，确因工作需要晚上进行的，工作现场应有足够的照明。

（5）在一个电气连接部分同时有检修和试验时，可填写一张工作票，但在试验前应得到检修工作负责人的许可。

（6）在同一个电气连接部分，高压试验工作票发出时，应先将已发出的检修工作票收回，禁止再发出第二张工作票。如果试验过程中，需要检修配合，应将检修人员填写在高压试验工作票中。

（7）如加压部分与检修部分之间的断开点，按试验电压有足够的安全距离，并在另一侧有接地短路线时，可在断开点的一侧进行试验，另一侧可继续工作。此时在断开点处应挂"止步，高压危险！"的标示牌，并设专人监护。

（8）高压试验人员必须持有上岗资格证书。临时工、民工不得从事高压试验工作。因工作需要从事设备搬运等辅助性工作时，应事先接受安全教育，告知危险点和安全注意事项，明确工作地点和工作内容，并派专人监护。

（9）高压试验作业时不得少于两人。下达工作任务时，必须指定其中一人为高压试验工作负责人。试验负责人应由有经验的人员担任，试验前，试验负责人应向全体试验人员详细告知试验中的安全注意事项，交代邻近间隔的带电部位，以及其他安全注意事项。

（10）高压试验的技术措施（围栏、接地、验电、放电、电源、试验装置、过压保护等）必须符合安全要求。

（11）高压试验工作的开始、加压、间断与结束，必须符合高压试验现场作业中有关安全工作的要求。

（12）电力电缆试验要拆除接地线时，应征得工作许可人的许可（调控人员指令装设的接地线，应征得调控人员的许可），方可进行。工作完毕后立即恢复。

（13）电缆耐压试验前，加压端应做好安全措施，防止人员误入试验场所。另一端应设置围栏并挂上警告标示牌。如另一端是上杆的或是锯断电缆处，应派人看守。

（14）电缆耐压试验前，应先对设备充分放电。

（15）电缆的试验过程中，更换试验引线时，应先对设备充分放电。作业人员应戴好绝缘手套。

（16）电缆耐压试验分相进行时，另两相电缆应接地。

（17）电缆试验结束，应对被试电缆进行充分放电，并在被试电缆上加装临时接地线，待电缆尾线接通后才可拆除。

（18）电缆故障声测定点时，禁止直接用手触摸电缆外皮或冒烟小洞，以免触电。

四、电缆线路巡视的安全要求

（1）严格执行《安规》的有关规定。

（2）巡线工作应由有电力线路工作经验的人员担任。单独巡线人员应考试合格并经专业室（公司、所）主管领导批准。汛期、暑天、大雪天等恶劣天气，必要时由两人进行。

（3）电缆隧道、偏僻山区和夜间巡视时应由两人进行。

（4）进入电缆竖井、隧道，巡视人员应注意有害气体造成的缺氧窒息和沼气爆炸。禁止明火。

（5）巡视中注意安全问题：

1）巡线时，应穿绝缘鞋或绝缘靴，雨、雪天巡视，应注意路滑，以免扎伤或摔伤；

2）在郊区、城乡接合部、绿化带、灌木丛中巡视，应防止被狗、蛇咬及蜂蜇；

3）单人巡视时禁止攀登树木和杆塔，以防高处坠落；

4）变电站内部巡视应得到变电站值班人员的允许和必要陪同，无人值班变电站应两人巡视，以免误入带电间隔，造成触电伤害。

5）过马路时，要注意瞭望，遵守交通法规、以免发生交通意外事故。

（6）在外单位管线施工监护指导中，巡视人员应注意防机械施工工具及其他不可预计因素的伤害。

五、进入变电站工作的安全要求

（1）在运行变电站敷设电缆必须取得生产运行单位的同意和监护。

（2）严格按工作票所列的工作内容和工作范围施工，禁止任意扩大工作范围，若要临时扩大工作范围，必须重新办理工作票并履行变更审批手续。禁止随意进入带电设备区。

（3）在变、配电站（开关站）的带电区域内或临近带电线路处，禁止使用金属梯子。搬动梯子、管子等长物时，应放倒，由两人搬运，并与带电部分保持足够的安全距离。

（4）进入变电站内部巡视电缆线路应注意避免误入带电间隔，造成触电伤害。

（5）在变电站内进行设备吊装施工防起重机械触及带电设备的安全措施：

1）与吊车司机用工单位签订安全协议；

2）向吊车司机指明现场危险点及吊装要求；

3）现场安全措施布置到位，加强监护及监督；

4）吊车应保持足够的安全距离，防止吊车升臂触电；

5）视线不清时应增设多名专人监护。

（6）在变电站内应防止误入带电间隔，或者误碰、误触带电设备，造成触电伤害的安全措施：

1）进入现场前，必须编制施工组织、技术和安全措施，办理开工手续。

2）工作许可手续完成前，工作班成员禁止进入作业现场。

3）在办理工作票许可手续后，工作负责人（监护人）宜在设备区外向工作班成员宣讲工作票内容，使每个工作班成员都知道工作任务、工作地点、工作时间、停电范围、邻近带电部位、现场安全措施、注意事项、分工和责任等（必要时可以绘图讲解），并进行危险点告知，履行确认手续后方可开始工作。迟到人员开始工作前，工作负责人应向其详细交代以上各项内容。

4）工作前，必须核对设备名称和编号，正确无误后方可开始工作。

5）高压试验工作不得少于两人，工作前，工作负责人应向工作人员交代清楚现场安全注意事项。

6）试验人员在变电站（开关站）放、收试验线（电源线）时，应特别小心，防止试验线弹到或接近带电设备，发生人身触电事故。

7）开关站工作不得少于两人，使用工作票，并与邻近带电部位保持足够的安全距离。

8）作业前，将检修设备高低压侧全部停电，并在其电源、负荷侧验电、装设接地线后方可工作。

9）工作中，工作负责人必须始终在现场认真履行监护职责。当工作地点分散或工作环境比较危险时，工作负责人应增设专责监护人和确定被监护人员，及时制止违章作业行为。

六、脚手架的搭设、拆除工作的安全要求

1. 脚手架搭设的安全要求

（1）脚手架搭设整体固定牢固，无倾倒、塌落危险。禁止用管道或护栏

做支撑物。

（2）脚手架上不得有单板、浮板、探头板。

（3）在邻近带电设备搭设脚手架时，脚手架应符合《安规》的安全距离，设专人监护，并采取可靠的安全措施；脚手架应接地。

（4）脚手架上临时电源线应满足低压安全工作规程，木竹脚手架应加绝缘子，金属管脚手架应另设木横担。

（5）施工脚手架上如堆放材料，其质量不应超过计算载重。

（6）应设有作业人员上下的梯子，且装设牢固。

（7）用起重装置起吊重物时，不准把起重装置同脚手架的结构相连接。

（8）脚手板（片）必须与脚手架绑扎牢固，操作平台超过 2m 高度时，四周应设置围栏，防止工作人员失足高空坠落。

2. 脚手架拆除的安全要求

（1）脚手架的拆除应按拆除方案进行，必须由上而下分层进行，不准上下层同时作业，拆下的构件应用绳索捆牢，并用滑车吊下，不准向下抛掷。拆除脚手架时，严禁将整个脚手架推倒，或采用先拆下层主柱的方法。

（2）拆除脚手架前，要及时做好临时加固措施，禁止成排、成片地拆除。

（3）在脚手架拆除区域内，禁止与该项工作无关的人员逗留。在脚手架拆除过程中，不得中途换人，如必须换人时，应将拆除情况交代清楚后方可离开。

（4）在电力线路附近拆除脚手架时，应停电进行。不能停电时，应采取防止触电和防设备损坏的相应措施。

3. 脚手架的安全管理

（1）脚手架使用前，搭建单位须提供自检自验报告单。

（2）脚手架搭设人员必须是按现行国家标准考核合格的专业架子工。上岗人员应定期体检，合格者方可持证上岗。

（3）搭设脚手架人员必须戴安全帽、系安全带、穿防滑鞋。

（4）脚手架的构配件质量与搭设质量，应按规定进行检查验收，合格后方可使用。

（5）作业层上的施工荷载应符合设计要求，不得超载。禁止悬挂起重设备。

（6）当有六级及以上大风和雾、雨、雪天气时，应停止脚手架搭设与拆除作业；雨、雪后上架作业应有防滑措施，并应扫除积雪。

（7）脚手架的安全检查与维护，应按规定进行。安全网应按有关规定搭设或拆除。

（8）不得在脚手架基础及其邻近处进行挖掘作业，否则应采取安全措施，并报主管部门批准。

（9）临街搭设脚手架时，外侧应有防止坠物伤人的防护措施。

（10）在脚手架上进行电、气焊作业时，必须有防火措施和专人看守。

（11）工地临时用电线路的架设及脚手架接地、避雷措施等，应按行业标准的有关规定执行。

（12）搭拆脚手架时，地面应设围栏和警示标志，并派专人看守，严禁非操作人员入内。

（13）脚手架经验收合格后，方可使用。

（14）拆、搭建脚手架，工作负责人在许可工作时，应向拆、搭建工作人员交代安全措施和注意事项，并告知危险点及预控措施。持工作票进行工作的，应严格按《安规》规定执行。

七、电缆作业中使用吊机吊篮辅助作业的安全要求

近年来，电缆终端钢管塔越来越多，且高度均在 30m 以上，由于钢管塔采用人力电缆上杆塔及抱箍紧固操作非常困难，采用吊机吊篮辅助作业不仅提高工效，也在一定程度上加强作业安全。为了确保吊机吊篮辅助作业安全，在工作中应遵守吊机吊篮辅助作业的安全使用规定。

1. 一般要求

（1）重大的电缆上杆塔工程项目，应制定施工方案和安全技术措施，并办理安全施工作业票，工作（项目）负责人始终在现场监护。

（2）辅助作业的运输单位必须具有企业资质和安全资质，该运输单位的操作人员应经当地电力部门审核，才能参与施工作业。

（3）电缆工作（项目）负责人在使用吊机吊篮辅助作业前，必须向吊机操作人员进行工作内容、作业范围、作业人员、安全措施、危险点和其他安全注意事项的详细交底，并确认。

（4）电缆工作（项目）负责人对运输单位的吊机和操作人员的状况存有疑问，必须询问清楚；如工作负责人认为不安全或存在安全隐患，可以拒绝

使用该运输单位。

（5）吊机吊篮作业应组织进行现场勘察，在邻近带电设备处作业，应满足规程中安全距离要求；凡不能保证安全距离的，应采取停电措施或其他作业方式。

2. 吊机吊篮辅助作业的安全要求

（1）吊篮升高前，吊机操作人员应检查吊篮与吊臂的连接状况，检查吊篮的牢固性。

（2）吊篮升高作业前，应先进行动负荷试验。在吊篮里放置相应重物反复进行升高、降低、旋转、变幅，以检查吊篮运行状况，如有不正常的，则应更换或修理。

（3）吊篮里只允许两人站立。在吊篮里有人的情况下，不允许吊篮里有搭载器物（个人随身工具、少量的金具除外）。

（4）吊篮里的人员应系带后备保护的保险带，后备保护绳禁止系在吊篮上。

（5）吊机操作人员应听从工作负责人或吊篮里人员的指挥，禁止擅自操作。

（6）工作负责人应自始至终监护吊篮作业，工作负责人或吊篮里的人员一旦发现异常情况，应立即通知吊机操作人员停止操作，吊篮里的人员应立即采取紧急自我保护措施，查明原因、排除异常后方可继续作业。

（7）禁止在吊篮里有人的情况下，同时吊运电缆或其他物品。

（8）吊机所处地面必须坚固结实、平整、无斜面。禁止把吊机处在地面土质不实，以及高差边缘、孔洞口边、斜坡、易滑坡、高低不平等不稳定的地面上。

八、焊接、切割的安全要求

（1）不准在带有压力（液体压力或气体压力）的设备上或带电的设备上进行焊接。在特殊情况下需在带压和带电的设备上进行焊接时，必须采取安全措施，并经本单位分管生产领导（总工程师）的批准和审查方可进行。对承重构架进行焊接时，应经过有关技术部门的许可。

（2）禁止在油漆未干的结构或其他物体上进行焊接。

（3）在风力超过5级及雨、雪天气下，不可露天进行焊接或切割工作。

如必须进行时,应采取防风、防雨雪的措施。

(4)电焊机的外壳必须可靠接地(接零),其接地电阻不得大于4Ω。

(5)气瓶的存储应符合国家有关规定。气瓶搬运应使用专门的台架或手推车。

(6)用汽车运输气瓶时,气瓶不准顺车厢纵向放置,应横向放置并可靠固定。气瓶押运人员应坐在司机驾驶室内,不准坐在车厢内。禁止把氧气瓶及乙炔气瓶放在一起运送,也不准把氧气瓶与易燃物品或装有可燃气体的容器一起运送。

(7)焊接、切割使用的氧气瓶,当氧气瓶内的压力降到0.2MPa,不准再使用。用过的瓶上应写明"空瓶"。

(8)使用中的氧气瓶和乙炔气瓶应垂直放置并固定起来,氧气瓶和乙炔气瓶的距离不得小于5m,气瓶的放置地点不准靠近热源,应距明火10m以外。

第二节 常用工器具的安全使用

一、一般规定

(1)机具应由了解其性能并熟悉操作知识的人员操作。各种机具都应由专人维护、保管,并应随机挂安全操作牌。修复后的机具应经试转、鉴定,合格后方可使用。

(2)机具外露的转动部分应装设保护罩。转动部分应保持润滑。

(3)机具的电压表、电流表、压力表、温度计等监测仪表,以及制动器、限制器、安全阀等安全装置应齐全、完好。

(4)机具应按其出厂说明书和铭牌的规定使用。使用前应进行检查,不得使用已变形、破损、有故障等不合格的机具。

(5)电气工具和用具应由专人保管,每6个月应由电气试验单位定期检查;使用前应检查电线是否完好,有无接地线,不合格的禁止使用;使用时应按有关规定接好剩余电流动作保护器(漏电保护器)和接地线;使用中发生故障,应立即修复。

（6）手持电动工器具如有绝缘损坏、电源线护套破裂、保护线脱落、插头插座裂开或有损于安全的机械损伤等故障，应立即修理；未修复前，不得继续使用。

（7）电动的工具、机具应接地或接零良好。电气工具和用具的电线不准接触热体，不要放在湿地上，并避免载重车辆和重物压在电线上。

（8）电动机具在运行中不得进行检修或调整；检修、调整或中断使用时，应将其电源断开。不得将机具、附件放在机器或设备上。不得站在移动式梯子上或其他不稳定的地方使用电动机具。

二、常用工器具

1. 砂轮机和砂轮锯

（1）砂轮机、砂轮锯的旋转方向不得正对其他机器、设备和人。

（2）禁止使用有缺损或裂纹的砂轮片。砂轮片有效半径磨损到原半径的1/3时，必须更换。

（3）安装砂轮机的砂轮片时，砂轮片两侧应加柔软垫片，严禁重击螺帽。

（4）安装砂轮锯的砂轮片时，商标纸不宜撕掉，砂轮片轴孔比轴径大0.15mm为宜，夹板不应夹得过紧。

（5）砂轮机或砂轮锯必须装设坚固的防护罩，无防护罩严禁使用。

（6）砂轮机或砂轮锯达到额定转速后，才能切削或切割工件。

（7）砂轮机安全罩的防护玻璃应完整。

（8）砂轮机必须装设托架。应随时调节工件托架以补偿砂轮的磨损，使工件托架和砂轮间的距离不大于2mm；托架的高度应调整到使工件的打磨处与砂轮片中心处在同一平面上。

（9）使用砂轮机时应站在侧面并戴防护眼镜；不得两人同时使用一个砂轮片进行打磨；不得在砂轮机的砂轮片侧面进行打磨；不得用砂轮机打磨软金属、非金属。

（10）使用砂轮锯时，工件应牢固夹入工件夹内。工件应垂直砂轮片轴向，严禁用力过猛或撞击工件。不应使用砂轮锯打磨任何金属及非金属。

2. 钻床

（1）操作人员应穿工作服、扎紧袖口，工作时不得戴手套，头发、发辫应盘入帽内。

（2）严禁手拿有冷却液的棉纱冷却转动的工件或钻头。

（3）严禁直接用手清除钻屑或接触转动部分。

（4）钻床切削量应适度，严禁用力过猛。工件将要钻透时，应适当减少切削量。

（5）钻具、工件均应固定牢固。薄件和小工件施钻时，不得直接用手扶持。

（6）大工件施钻时，除用夹具或压板固定外，还应加设支撑。

（7）台钻不应放在地面上工作，应做适当高度工作台（架），台钻与工作台（架）应固定牢固，台架下加以配重方能进行工作。

3. 链条葫芦

（1）链条葫芦使用前应检查吊钩、链条、转动装置及刹车装置是否良好。吊钩、链轮、倒卡等有变形时，以及链条直径磨损量达10%时，禁止使用。制动装置禁止污染油脂。

（2）两台及两台以上链条葫芦起吊同一重物时，重物的重量应不大于每台链条葫芦的允许起重量。

（3）起重链不得打扭，亦不得拆成单股使用。

（4）链条葫芦不得超负荷使用，起重能力在5t以下的允许1人拉链，起重能力在5t以上的允许两人拉链，不得随意增加人数猛拉。操作时，人员不得站在链条葫芦的正下方。

（5）吊起的重物如需在空中停留较长时间，应将手拉链拴在起重链上，并在重物上加设保险绳。

（6）使用中如发生卡链情况，应将重物垫好后方可进行检修。

（7）悬挂链条葫芦的架梁或建筑物，应经过计算，否则不得悬挂。禁止用链条葫芦长时间悬吊重物。

4. 千斤顶

（1）千斤顶使用前应检查各部分是否完好，油液是否干净。油压式千斤顶的安全栓有损坏或螺旋式、齿条式千斤顶的螺纹、齿条的磨损量达20%时，禁止使用。

（2）千斤顶应设置在平整、坚实处，并用垫木垫平。千斤顶应与荷重面垂直，其顶部与重物的接触面间应加防滑垫层。

（3）千斤顶严禁超载使用。不得加长手柄或超过规定人数操作。

（4）使用油压式千斤顶时，任何人不得站在安全栓的前面。

（5）使用两台及两台以上千斤顶同时顶升一个物体时，千斤顶的总起重能力应小于荷重的两倍。在顶升时应由专人统一指挥，确保各千斤顶的顶升速度及受力基本一致。

（6）油压式千斤顶的顶升高度不得超过限位标志线；螺旋式及齿轮式千斤顶的顶升高度不得超过螺杆或齿条高度的3/4。

（7）禁止将千斤顶放在长期无人照料的荷重下面。

（8）千斤顶的下降速度应缓慢，禁止在带负荷的情况下使其突然下降。

5. 各类绞磨和卷扬机

（1）绞磨应放置平稳，锚固可靠，受力前方不准有人。锚固绳应有防滑动措施。必要时宜搭设防护工作棚，操作位置应有良好的视野。

（2）牵引绳应从卷筒下方卷入，排列整齐，并与卷筒垂直，在卷筒上不准少于5圈（卷扬机：不准少于3圈）。钢绞线不准进入卷筒。导向滑车应对准卷筒中心。滑车与卷筒的距离：光面卷筒不应小于卷筒长度的20倍，有槽卷筒不应小于卷筒长度的15倍。

（3）作业前应进行检查和试车，确认卷扬机设置稳固，防护设施、电气绝缘、离合器、制动装置、保险棘轮、导向滑轮、索具等合格后方可使用。

（4）人力绞磨架上固定磨轴的活动挡板应装在不受力的一侧，禁止反装。人力推磨时，推磨人员应同时用力。绞磨受力时人员不准离开磨杠，防止飞磨伤人。作业完毕应取出磨杠。拉磨尾绳不应少于两人，且应站在锚桩后面、绳圈外侧。绞磨受力时，不准用松尾绳的方法卸荷。

（5）作业时禁止向滑轮上套钢丝绳，禁止在卷筒、滑轮附近用手扶运行中的钢丝绳，不准跨越行走中的钢丝绳，不准在各导向滑轮的内侧逗留或通过。吊起的重物必须在空中短时间停留时，应用棘爪锁住。

（6）拖拉机绞磨两轮胎应在同一水平面上，前后支架应受力平衡。绞磨卷筒应与牵引绳的最近转向滑车保持5m以上的距离。

6. 滑车及滑车组

（1）滑车及滑车组使用前应进行检查，发现有裂纹、轮沿破损等情况的，不得使用。滑车组使用中，两滑车滑轮中心间的最小距离不得小于表1-1的要求。

表1-1　滑车组两滑车滑轮中心最小允许距离

滑车起重量（t）	1	5	10~20	32~50
滑轮中心最小允许距离（mm）	700	900	1000	1200

（2）滑车不准拴挂在不牢固的结构物上。线路作业中使用的滑车应有防止脱钩的保险装置，否则必须采取封口措施。使用开门滑车时，应将开门钩环扣紧，防止绳索自动跑出。

（3）拴挂固定滑车的桩或锚，应按土质不同情况加以计算，使之埋设牢固可靠。如使用的滑车可能着地，则应在滑车底下垫以木板，防止垃圾窜入滑车。

7. 潜水泵

（1）潜水泵应重点检查下列项目且应符合要求：

1）外壳不得有裂缝、破损；

2）电源开关动作应正常、灵活；

3）机械防护装置应完好；

4）电气保护装置应良好；

5）校对电源的相位，通电检查空载运转，防止反转。

（2）采用潜水泵时，应根据制造厂规定的安全注意事项进行操作。潜水泵运行时，禁止任何人进入被排水的坑、池内。进入坑、池内工作时，必须先切断潜水泵的电源。

8. 电气设备和电动工具

（1）不得超铭牌使用。

（2）所有电气设备的金属外壳均应有良好的接地装置。使用中不得将接地装置拆除或对其进行任何操作。

（3）严禁将电线直接钩挂在闸刀上或直接插入插座内使用。

（4）严禁一个开关或一个插座接两台及以上电气设备或电动工具。

（5）移动式电气设备或电动工具一律使用软橡胶电线；电线不得破损、漏电，手持部位绝缘良好。

（6）不得用软橡胶电源电线拖拉或移动电动工具。

（7）严禁湿手接触电源开关。

（8）工作中断时，必须切断电源。

（9）电气设备及照明设备拆除后，不得留有可能带电的部分。

（10）遇有电气设备着火时，应立即将有关设备的电源切断，然后救火。

（11）电动机具的绝缘电阻应定期用 500V 的兆欧表进行测量，如带电部件与外壳之间绝缘电阻值达不到 2MΩ，必须进行维修处理。对正常使用的电动机具也应对绝缘电阻进行定期测量、检查。

（12）电动机具的电气部分维修后，必须进行绝缘电阻测量及绝缘耐压试验。

（13）电动机具的操作开关应置于操作人员伸手可及的部位。休息、下班或工作中突然停电时，应切断电源开关。

（14）使用可携式或移动式电动机具时，必须戴绝缘手套或站在绝缘垫上。

（15）在金属构架上或在潮湿场地上应使用Ⅲ类绝缘的电动工具，并设专人监护。

（16）电动工具使用前应进行下列检查：

1）外壳、手柄无裂缝、无破损；

2）接地保护线或接零保护线连接正确、牢固；

3）插头、电缆或软线完好无损；

4）开关动作正常、灵活、完好无损；

5）转动部分灵活，没有生锈的存在；

6）电气及机械保护装置完好无损。

9. 电动液压工具

（1）电动液压工具使用前应检查下列各部件：

1）油泵和液压机应配套；

2）各部件应齐全；

3）液压机油位应足够；

4）加油通气塞应旋松；

5）转换手柄应放在零位；

6）机身应可靠接地；

7）施压前应将压钳的端盖拧满扣，防止施压时端盖蹦出。

（2）使用快换接头的液压管时，应先将滚花箍向胶管方向拉足后插入本体插座，插入时要推紧，然后将滚花箍紧固。

（3）电动液压工具在接通电源前，应先核实电源电压是否符合工具工作电压，电动机的转向应正确。

（4）液压工具操作人员应了解工具性能、操作熟练。使用时应有人统一指挥，专人操作。操作人员之间要密切配合。

（5）夏季使用电动液压工具时应防止暴晒，其液压油油温不得超过65℃。冬季如遇油管冻塞时，严禁火烤解冻。

（6）停止工作、离开现场应切断电源，并挂上"禁止合闸！"的警告标志。

10. 圆盘锯

（1）圆盘锯操作前应进行检查，锯片不得有裂口，螺丝应拧紧。

（2）操作圆盘锯时应戴防护眼镜，站在锯片一侧，不得站在正面，手臂禁止越过锯片。

（3）操作圆盘锯时不得用力过猛，应慢推；超过锯片半径的大工件不得上锯。

（4）操作时严禁戴纱线手套。

11. 喷灯

（1）喷灯使用前应进行检查，符合下列要求方可使用：

1）油筒不漏油（气），喷油（气）嘴的螺纹丝扣不漏油（气）；

2）使用煤油和柴油的喷灯内不得注入汽油；

3）加油不超过油筒容积的3/4；

4）加油嘴的螺丝塞已拧紧。

（2）喷灯内压力不可过高，火焰应调整适当。喷灯如因连续使用而温度过高时，应暂停使用。作业场所应空气流通。

（3）喷灯使用中如发生喷嘴堵塞，应先关闭气门，待火灭后站在侧面用通针处理。

（4）禁止在明火附近放气或加油，点火时应先将喷嘴预热。

（5）使用时，喷嘴不准对着人体及设备，使用喷灯的作业场所不得靠近易燃物。

（6）在带电区附近使用喷灯时，火焰与带电距离应满足《安规》中的相关要求。

（7）喷灯在使用过程中如需加油时，必须灭火、泄压，喷灯冷却后方可加油。

（8）喷灯使用完毕后，应先灭火、泄压，喷灯完全冷却后方可放入工具箱内。

（9）液化气喷灯必须有配套的减压阀。使用时，应先点燃火种，然后开气阀。

（10）液化气喷灯在室内使用时，室内应保持良好的通风，以防中毒。

（11）液化气喷灯的橡胶软管接口应牢固密封，软管应无裂纹、破损，否则立即更换。

（12）液化气瓶应存放在指定的铁制箱柜内。

12. 电缆输送机

（1）电缆输送机应有专门的具有安全装置的动力配电箱和总控制台，每台电缆输送机应配有分控箱和具有紧急全程制停功能。

（2）工作前应对所有电缆输送机和电源控制装置做电气安全检查，每台电缆输送机外壳均应有可靠的安全接地。

（3）电缆敷设沿线输送机应配置合理，电源的接入应确保末端输送机有正常的工作电压，全线施工要有专人统一指挥并确保全线通信畅通。工作中应经常检查电源线的安全状况。

（4）在电缆机械敷设施工中，如遇异常情况或机械出现故障，应立即停止工作，查明原因、排除故障后，在现场统一指挥人员（现场施工负责人）的许可下，方可继续工作。

（5）机器运行前检查蜗轮箱机油，油平面与加油孔等高，蜗轮箱机油每年更换一次。

（6）电缆输送机入库前各部位要进行检查和维护，施工前均应做全面安全检查并记录在册。

（7）使用时，未用到的电缆输送机可用分控箱上倒顺开关停机，但一旦投入使用就不能单机停止，以免失去同步。

（8）在工井中过夜的电缆输送机应保证不能被水浸没，否则应将电缆输送机从工井中抬出。

13. 其他手动工具

（1）大锤、手锤、手斧等甩打性工具的把柄应用坚韧的木材料制作，锤头应用金属背嵌来固定。打锤时，握锤的手不得戴手套，挥动方向不得对人。

（2）使用撬杠时，支点应牢靠。高处使用时禁止双手施压。

（3）使用钢锯时工件应夹紧，工件将要锯断时，应用双手或支架托住。

（4）使用活动扳手时。扳口尺寸应与螺帽相符。不得在手柄上加套管使用。

（5）钢丝绳不得打结使用，如有扭曲、变形、断丝、锈蚀等，则应按规定及时更换。钢丝绳绷紧时，人员不得在转弯内角停留。

第三节　现场标准化作业指导书（卡）的编制与应用

现场标准化作业指导书（卡）突出安全和质量两条主线，对现场作业活动的全过程进行细化、量化、标准化，保证作业过程的安全和质量处于"可控、在控"状态，达到事前管理、过程控制的要求和预控目标。现场作业指导书是对作业计划、准备、实施、总结等环节，明确具体操作的方法、步骤、措施、标准和人员责任，依据工作流程组合成的执行文件。

一、现场标准化作业指导书的编制原则和依据

1. 编制原则

按照电力安全生产有关法律法规、技术标准、规程规定的要求和国家电网有限公司有关规范规定，作业指导书的编制应遵循以下原则。

（1）坚持"安全第一、预防为主、综合治理"的方针，体现"凡事有人负责、凡事有章可循、凡事有据可查、凡事有人监督"的原则。

（2）符合安全生产法规、规定、标准、规程的要求，具有实用性和可操作性。概念清楚、表达准确、文字简练、格式统一，且含义具有唯一性。

（3）现场作业指导书的编制应依据生产计划和现场作业对象的实际，进行危险点分析，制定相应的防范措施。体现对现场作业的全过程控制，体现对设备及人员行为的全过程管理。

（4）现场作业指导书应在作业前编制，注重策划和设计，量化、细化、标准化每项作业内容。集中体现工作（作业）要求具体化、工作人员明确化、工作责任直接化、工作过程程序化，做到作业有程序、安全有措施、质量有标准、考核有依据，并起到优化作业方案、提高工作效率、降低生产成本的

作用。

（5）现场作业指导书应以人为本，贯彻安全生产健康环境质量管理体系（SHEQ）的要求，应规定保证本项作业安全和质量的技术措施、组织措施、工序及验收内容。

（6）现场作业指导书应结合现场实际由专业技术人员编写，并由相应的主管部门审批，编写、审核、批准和执行应签字齐全。

2. 编制依据

（1）安全生产法律法规、规程、标准及设备说明书。

（2）缺陷管理、反事故措施要求、技术监督等企业管理规定和文件。

二、现场标准化作业指导书的结构内容及格式

1. 结构

现场标准化作业指导书由封面、范围、引用文件、修前准备、流程图、作业程序及工艺标准、检修记录、作业指导书执行情况评估和附录9项内容组成。

2. 内容及格式

（1）封面。由作业名称、编号、编写人及时间、审核人及时间、批准人及时间、作业负责人、作业工期、编写单位8项内容组成。

（2）范围。对作业指导书的应用范围做出具体的规定。如本作业指导书针对××kV××线××杆（塔）更换绝缘子工作，并仅适用于该绝缘子更换工作。

（3）引用文件。明确编写作业指导书所引用的法规、规程、标准、设备说明书及企业管理规定和文件。

（4）修前准备。由准备工作安排、作业人员要求、备品备件、工器具、材料、定置图及围栏图、危险点分析、安全措施、人员分工9部分组成。其中，"作业人员要求""危险点分析""安全措施"具体内容如下。

1)"作业人员要求"的内容包括：① 工作人员的精神状态良好；② 工作人员应具备的资格（包括作业技能、安全资质和特殊工种资质）。

2)"危险点分析"的内容包括：① 作业场地的特点，如带电、交叉作业、高处作业等可能给作业人员带来的危险因素；② 工作环境的情况，如高温、高压、易燃、易爆、有害气体、缺氧等可能给工作人员的安全健康造成的危

害；③工作中使用的机械、设备、工具等可能给工作人员带来的危害或设备异常；④操作程序、工艺流程颠倒，操作方法的失误等可能给工作人员带来的危害或设备异常；⑤作业人员的身体状况不适、思想波动、不安全行为、技术水平能力不足等可能带来的危害或设备异常；⑥其他可能给作业人员带来危害或造成设备异常的不安全因素等。

3）"安全措施"的内容包括：①各类工器具的使用措施，如梯子、吊车、电动工具等；②特殊工作措施，如高处作业、电气焊、油气处理、汽油的使用管理等；③专业交叉作业措施，如高压试验、保护传动等；④储压、旋转元件检修措施，如储压器、储能电机等；⑤对危险点、相邻带电部位所采取的措施；⑥工作票中所规定的安全措施；⑦着装规定等。

（5）流程图。流程图是根据检修设备的结构，将现场作业的全过程以最佳的检修顺序，对检修项目的完成时间进行量化，明确完成时间和责任人，而形成的检修流程，如"××kV××线××杆（塔）更换绝缘子流程图"。

（6）作业程序及工艺标准。由开工、检修电源的使用、动火、检修内容和工艺标准、竣工5部分组成。其中，"检修内容和工艺标准"的内容包括：按照检修流程图，对每一个检修项目，明确工艺标准、安全措施及注意事项，记录检修结果和责任人。

（7）检修记录。内容包括：①记录改进和更换的零部件；②存在问题及处理意见；③检修班组自验收意见及签字；④运行单位验收意见及签字；⑤检修专业室验收意见及签字；⑥公司验收意见及签字。

（8）作业指导书执行情况评估。评估内容包括：①对指导书的符合性、可操作性进行评价；②对可操作项、不可操作项、修改项、遗漏项、存在问题做出统计；③提出改进意见。

（9）附录。附录主要是设备的主要技术参数，必要时附设备简图，说明作业现场情况；调试数据记录。

10kV××线吊车立杆作业指导书范本见附录A。

三、现场标准化作业指导书（卡）的编制

按照"简化、优化、实用化"的要求，现场标准化作业根据不同的作业类型，可采用风险控制卡、工序质量控制卡，重大检修项目应编制施工方案。风险控制卡、工序质量控制卡统称"现场执行卡"。

◆ 电力电缆

现场执行卡的编写和使用应遵守以下原则。

（1）符合安全生产法规、规定、标准、规程的要求，具有实用性和可操作性。内容应简单、明了、无歧义。

（2）应针对现场和作业对象的实际，分析危险点，制定相应的防范措施，体现对现场作业的全过程控制，对设备及人员行为实现全过程管理，不能简单照搬照抄范本。

（3）现场执行卡的使用应体现差异化，根据作业负责人技能等级区别使用不同级别的现场执行卡。

（4）应重点突出现场安全管理，强化作业中工艺流程的关键步骤。

（5）原则上，凡使用工作票的停电检修作业，应同时对应每份工作票编写和使用一份现场执行卡。对于部分作业指导书包含的复杂作业，也可根据现场实际需要对应一份或多份现场执行卡。

（6）涉及多专业的作业，各有关专业要分别编制和使用各自专业的现场执行卡，现场执行卡在作业程序上应能实现相互之间的有机结合。

配电线路执行卡采用分级编制的原则，根据工作负责人的技能水平和工作经验使用不同等级的现场执行卡。设定工作负责人等级区分办法，根据各工作负责人的技能等级和工作经验及能力综合评定，并每年审核下发负责人等级名单。工作负责人应依据单位认定的技能等级采用相应的现场执行卡。

四、现场标准化作业指导书（卡）的应用

现场标准化作业对列入生产计划的各类现场作业均要求必须使用经过批准的现场标准化作业指导书（卡）。各单位在遵循现场标准化作业基本原则的基础上，根据实际情况对现场标准化作业指导书（卡）的使用做出明确规定，并可以采用必要的方便现场作业的措施。

（1）使用现场标准化作业指导书（卡）前必须进行专题学习和培训，保证作业人员熟练掌握作业程序和各项安全、质量要求。

（2）在现场作业实施过程中，工作负责人对现场标准化作业指导书（卡）按作业程序的正确执行负全面责任。工作负责人应亲自或指定专人按现场执行步骤填写、逐项打钩和签名，不得跳项和漏项，并做好相关记录。有关人员也必须履行签字手续。

（3）依据现场标准化作业指导书（卡）进行工作的过程中，如发现与现

场实际、相关图纸及有关规定不符等情况时，应由工作负责人根据现场实际情况及时修改现场标准化作业指导书（卡），并经现场标准化作业指导书（卡）的审批人同意后，方可继续按现场标准化作业指导书（卡）进行作业。作业结束后，现场标准化作业指导书（卡）的审批人应履行补签字手续。

（4）依据现场标准化作业指导书（卡）进行工作的过程中，如发现设备存在事先未发现的缺陷和异常，应立即汇报工作负责人，并进行详细分析，制定处理意见，并经现场标准化作业指导书（卡）的审批人同意后，方可进行下一项工作。设备缺陷或异常情况及处理结果，应详细记录在现场标准化作业指导书（卡）中。作业结束后，现场标准化作业指导书（卡）的审批人应履行补签字手续。

（5）作业完成后，工作负责人应对现场标准化作业指导书（卡）的应用情况做出评估，明确修改意见并在作业完工后及时反馈给现场标准化作业指导书（卡）的编制人。

（6）事故抢修、紧急缺陷处理等突发临时性工作，应尽量使用现场标准化作业指导书（卡）。在条件不允许的情况下，可不使用现场标准化作业指导书（卡），但要按照标准化作业的要求，在工作开始前先进行危险点分析并采取相应安全措施。

（7）对大型、复杂、不常进行、危险性较大的作业，应编制风险控制卡、工序质量控制卡和施工方案，并同时使用作业指导书；对危险性相对较小的作业、规模一般的作业、单一设备的简单和常规作业、作业人员较熟悉的作业，应在对现场标准化作业指导书充分熟悉的基础上，编制和使用现场执行卡。

五、现场标准化作业指导书（卡）的管理

标准化作业应按分层管理原则对现场标准化作业指导书（卡）明确归口管理部门。应明确现场标准化作业指导书（卡）管理的负责人、专责人，负责现场标准化作业的严格执行。

（1）现场标准化作业指导书一经批准，不得随意更改。如因现场作业环境发生变化、指导书与实际不符等情况需要更改时，必须立即修订并履行相应的批准手续后才能继续执行。

（2）执行过的现场标准化作业指导书（卡）应经评估、签字、主管部门

审核后存档。

（3）现场标准化作业指导书实施动态管理，应及时进行检查总结、补充完善。作业人员应及时填写使用评估报告，对指导书的针对性、可操作性进行评价，提出改进意见，并结合实际进行修改。工作负责人和归口管理部门应对作业指导书的执行情况进行监督检查，并定期对作业指导书及其执行情况进行评估，将评估结果及时反馈给编写人员，以指导日后的编写。

（4）对于未使用现场标准化作业指导书进行的事故抢修、紧急缺陷处理等突发临时性工作，应在工作完成后，及时补充编写有针对性的现场标准化作业指导书，用于今后类似工作。

（5）采用现代化的管理手段，开发现场标准化作业管理软件，逐步实现现场标准化作业信息网络化。

第二章

保证安全的组织措施和技术措施

第一节 保证安全的组织措施

一、现场勘察制度

（1）进行施工作业，工作票签发人或工作负责人认为有必要现场勘察的检修作业，检修（施工）单位应根据工作任务组织现场勘察，并填写现场勘察记录。

（2）现场勘察应由工作票签发人或工作负责人组织，工作负责人、设备运维管理单位（用户单位）和检修（施工）单位相关人员参加。对涉及多专业、多部门、多单位的作业项目，应由项目主管部门、单位组织相关人员共同参与。

（3）现场勘察应查看检修（施工）作业需要停电的范围、保留的带电部位、装设接地线的位置、邻近线路、交叉跨越、多电源、自备电源、地下管线设施和作业现场的条件、环境及其他影响作业的危险点。对危险性、复杂性和困难程度较大的作业项目，应编制组织措施、技术措施、安全措施和注意事项，经本单位批准后执行。

（4）现场勘察后，现场勘察记录应送交工作票签发人、工作负责人及相关各方，作为填写、签发工作票等的依据。

（5）开工前，工作负责人或工作票签发人应重新核对现场勘察情况，发现与原勘察情况有变化时，应及时修正、完善相应的安全措施。

二、工作票制度

1. 工作票

（1）在电力电缆线路和设备上工作，应按下列方式进行：

1）填用电力电缆第一种工作票；

2）填用电力电缆第二种工作票；

3）填用电力线路事故紧急抢修单；

4）使用其他书面记录或按口头或电话命令执行。

（2）在配电线路和设备上工作，应按下列方式进行：

1）填用配电第一种工作票；

2）填用配电第二种工作票；

3）填用配电带电作业工作票；

4）填用低压工作票；

5）填用配电事故紧急抢修单；

6）使用其他书面记录或按口头或电话命令执行。

（3）填用电力电缆（配电）第一种工作票的工作：

1）高压电力电缆需要停电的工作；

2）在停电的配电设备上的工作。

（4）填用电力电缆（配电）第二种工作票的工作：

1）与邻近带电高压线路或设备的距离不小于表2-1规定的工作；

2）电力电缆不需要停电的工作；

3）在运行中的配电设备上的工作。

表2-1 高压线路、设备不停电时的安全距离

电压等级（kV）	安全距离（m）
10及以下	0.70
20、35	1.00
66、110	1.50
220	3.00
330	4.00

续表

电压等级（kV）	安全距离（m）
500	5.00
750	8.00
1000	9.50
±50及以下	1.50
±400	7.20
±500	6.80
±660	9.00
±800	10.10

注：表2-1中未列电压等级应选用高一级的安全距离；750kV数据按海拔2000m校正，±400kV数据按海拔3000m地区和海拔5300m校正，其他电压等级数据按海拔1000m校正。

（5）填用配电带电作业工作票的工作：

1）高压配电带电作业；

2）与邻近带电高压线路或设备距离大于表2-2、小于表2-1规定的不停电作业。

表2-2 带电作业时人身与带电体的安全距离

电压等级（kV）	安全距离（m）	电压等级（kV）	安全距离（m）
10	0.40	500	3.40
20	0.50	750	5.20
35	0.60	1000	6.80
66	0.70	±400	3.80
110	1.00	±500	3.40
220	1.80	±660	4.50
330	2.60	±800	6.80

注：表2-2中未列电压等级应选用高一级的安全距离。

（6）填用低压工作票的工作。低压配电工作，不需要将高压线路、设备停电或做安全措施者。

（7）填用事故紧急抢修单的工作。事故紧急抢修应填用工作票或事故紧急抢修单，非连续进行的故障修复工作，应使用工作票。

（8）可使用其他书面记录或按口头、电话命令执行的工作：

1）测量接地电阻；

2）砍剪树木；

3）杆塔底部和基础等地面检查、消缺；

4）涂写杆塔号、安装标志牌等工作地点在杆塔最下层导线以下，并能够保持如表2-1所示安全距离的工作；

5）接户、进户计量装置上的不停电工作；

6）单一电源低压分支线的停电工作；

7）不需要高压线路、设备停电或做安全措施的运维一体工作。

实施此类工作时，可不使用工作票，但应以其他书面形式记录相应的操作和工作等内容。其他书面记录包括作业指导书（卡）、派工单、任务单、工作记录等。按口头、电话命令执行的工作应留有录音或书面派工记录。记录应包含指派人、工作人员（负责人）、工作任务、工作地点、派工时间、工作结束时间、安全措施（注意事项）及完成情况等内容。

2. 工作票的填写与签发

（1）工作票由工作负责人填写，也可由工作票签发人填写。

（2）工作票、事故紧急抢修单采用手工方式填写时，应用黑色或蓝色的钢（水）笔或圆珠笔填写和签发，至少一式两份。工作票内容应正确，填写应清楚，不得任意涂改。若有个别错、漏字需要修改、补充时，应使用规范的符号，字迹应清楚。

用计算机生成或打印的工作票应使用统一的票面格式。

（3）工作班组现场操作时，若不填用操作票，应将设备的双重名称，线路的名称、杆号、位置及操作内容等按操作顺序填写在工作票上。

（4）工作票应由工作票签发人审核，手工或电子签发后方可执行。

（5）工作票一般由设备运维管理单位签发，也可由经设备运维管理单位审核合格且经批准的检修（施工）单位签发。检修（施工）单位的工作票签发人、工作负责人名单应事先送设备运维管理单位、调度控制中心（调控中心）备案。

（6）承、发包工程，工作票可实行"双签发"。签发工作票时，双方工作票签发人在工作票上分别签名，各自承担相应的安全责任。

（7）供电单位或施工单位到用户配电站内检修（施工）时，工作票应由有权签发的用户单位、施工单位或供电单位签发。

（8）一张工作票中，工作票签发人、工作许可人和工作负责人三者不得为同一人。工作许可人中只有现场工作许可人（作为工作班成员之一，进行该工作任务所需现场操作及做安全措施者）可与工作负责人相互兼任。若相互兼任，应具备相应的资质，并履行相应的安全责任。

3. 工作票的使用

（1）电力电缆第一种工作票，每张只能用于一条线路或同一个电气连接部位的几条供电线路或同（联）杆塔架设且同时停送电的几条线路。

（2）电力电缆第二种工作票，对同一电压等级、同类型工作，可在数条线路上共用一张工作票。

（3）以下情况可使用一张配电第一种工作票：

1）一条配电线路（含线路上的设备及其分支线，下同）或同一个电气连接部分的几条配电线路或同（联）杆塔架设、同沟（槽）敷设且同时停送电的几条配电线路；

2）不同配电线路经改造形成同一电气连接部分，且同时停送电者；

3）同一高压配电站、开闭所内，全部停电或属于同一电压等级、同时停送电、工作中不会触及带电导体的几个电气连接部分上的工作；

4）配电变压器及与其连接的高低压配电线路、设备上同时停送电的工作；

5）同一天在几处同类型高压配电站、开闭所、箱式变电站、柱上变压器等配电设备上依次进行的同类型停电工作。

（4）以下情况可使用一张配电第二种工作票：

1）同一电压等级、同类型、相同安全措施且依次进行的不同配电线路或不同工作地点上的不停电工作；

2）同一高压配电站、开闭所内，在几个电气连接部分上依次进行的同类型不停电工作。

（5）配电带电作业工作票，对同一电压等级、同类型、相同安全措施且依次进行的数条线路上的带电作业，可使用一张工作票。

（6）同一张工作票多点工作，工作票上的工作地点、线路名称、设备双重名称、工作任务、安全措施应填写完整。不同工作地点的工作应分栏填写。

（7）工作负责人应提前知晓工作票内容，并做好工作准备。

（8）工作许可时，工作票一份由工作负责人收执，其余留存工作票签发人或工作许可人处。工作期间，工作票应始终保留在工作负责人手中。

（9）一个工作负责人不能同时执行多张工作票。若一张工作票下设多个小组工作，工作负责人应指定每个小组的小组负责人（监护人），并使用工作任务单。

（10）工作任务单应一式两份，由工作票签发人或工作负责人签发，一份工作负责人留存，一份交小组负责人。工作任务单由工作负责人许可。工作结束后，由小组负责人交回工作任务单，向工作负责人办理工作结束手续。

（11）工作票上所列的安全措施应包括所有工作任务单上所列的安全措施。几个小组同时工作，使用工作任务单时，工作票的工作班成员栏内，可以只填写各工作任务单的小组负责人姓名。工作任务单上应填写本工作小组人员姓名。

（12）一回线路检修（施工），邻近或交叉的其他电力线路需配合停电和接地时，应在工作票中列入相应的安全措施。若配合停电线路属于其他单位，应由检修（施工）单位事先书面申请，经配合停电线路的运维管理单位同意并实施停电、验电、接地。

（13）持工作票进入变电站或发电厂升压站进行电缆、配电设备等工作，应增添工作票份数（按许可单位确定数量），分别经变电站或发电厂等设备运维管理单位的工作许可人许可并留存。

检修（施工）单位的工作票签发人和工作负责人名单应事先送设备运维管理单位备案。

（14）在原工作票的停电及安全措施范围内增加工作任务时，应由工作负责人征得工作票签发人和工作许可人同意，并在工作票工作任务栏中增填工作项目。若必须变更或增设安全措施时，应填用新的工作票，并重新履行签发、许可手续。

（15）一条线路分区段工作，若填用一张工作票，经工作票签发人同意，在线路检修状态下，由工作班自行装设的接地线等安全措施可分段执行。工作票中应填写清楚使用的接地线编号、装拆时间、位置等随工作区段转移情况。

第二章　保证安全的组织措施和技术措施

（16）变更工作负责人或增加工作任务，若工作票签发人和工作许可人无法当面办理，应通过电话联系，并在工作票登记簿和工作票上注明。

（17）在线路、设备上进行非电气专业工作（如电力通信工作等），应执行工作票制度，并履行工作许可、监护等相关安全组织措施。

（18）电力电缆（配电）第一种工作票，应在工作前一天送达设备运维管理单位（包括信息系统送达）；通过传真送达的工作票，其工作许可手续应待正式工作票送达后履行。

需要运维人员操作设备的带电作业工作票和需要办理工作许可手续的电力电缆（配电）第二种工作票，应在工作前一天送达设备运维管理单位。

（19）已终结的工作票（含工作任务单）、故障紧急抢修单、现场勘察记录至少应保存1年。

4. 工作票的有效期与延期

（1）第一、第二种工作票和带电作业工作票的有效期，以批准的检修时间为准。批准的检修时间为调度控制中心或设备运维管理单位批准的开工至完工时间。

（2）电力电缆（配电）第一种工作票办理延期手续，应在有效时间尚未结束以前，由工作负责人向工作许可人提出申请，同意后给予办理；电力电缆（配电）第二种工作票需办理延期手续，应在有效时间尚未结束以前由工作负责人向工作票签发人提出申请，同意后给予办理。

（3）工作票只能延期一次。延期手续应记录在工作票上。

（4）带电作业工作票不得延期。

5. 工作票所列人员的基本条件

（1）工作票签发人应由熟悉人员技术水平、熟悉配电网络接线方式、熟悉设备情况、熟悉《安规》，并具有相关工作经验的生产领导、技术人员或本单位批准的人员担任，工作票签发人名单应公布。

（2）工作负责人（监护人）应由有本专业工作经验、熟悉工作范围内的设备情况、熟悉《安规》，专业室（中心）批准的人员担任，工作负责人还应熟悉工作班成员的工作能力。工作负责人名单应公布。

（3）工作许可人应由有本专业工作经验、熟悉工作范围内的设备情况、熟悉《安规》，专业室批准的人员担任，配电工作许可人还应熟悉配电网络接线方式，工作许可人名单应公布。

工作许可人包括值班调控人员、运维人员、相关变配电站（含用户变电站）和发电厂运维人员、配合停电线路许可人及现场许可人等。用户变、配电站的工作许可人应是持有效证书的高压电气工作人员。

（4）专责监护人应由具有相关专业工作经验，熟悉工作范围内的设备情况和《安规》的人员担任。

6. 工作票所列人员的安全责任

（1）工作票签发人：

1）确认工作必要性和安全性；

2）确认工作票上所列安全措施正确完备；

3）确认所派工作负责人和工作班成员适当、充足。

（2）工作负责人：

1）正确组织工作；

2）检查工作票所列安全措施是否正确完备，是否符合现场实际条件，必要时予以补充完善；

3）工作前，对工作班成员进行工作任务、安全措施交底和危险点告知，并确认每个工作班成员都已签名；

4）组织执行工作票所列由其负责的安全措施；

5）监督工作班成员遵守《安规》、正确使用劳动防护用品和安全工器具以及执行现场安全措施；

6）关注工作班成员身体状况和精神状态是否出现异常迹象，人员变动是否合适。

（3）工作许可人：

1）审票时，确认工作票所列安全措施是否正确完备，对工作票所列内容产生疑问时，应向工作票签发人询问清楚，必要时予以补充；

2）保证由其负责的停、送电和许可工作的命令正确；

3）确认由其负责的安全措施正确实施。

（4）专责监护人：

1）明确被监护人员和监护范围；

2）工作前，对被监护人员交代监护范围内的安全措施、告知危险点和安全注意事项；

3）监督被监护人员遵守《安规》和执行现场安全措施，及时纠正被监护人员的不安全行为。

（5）工作班成员：

1）熟悉工作内容、工作流程，掌握安全措施，明确工作中的危险点，并在工作票上履行交底签名确认手续；

2）服从工作负责人（监护人）、专责监护人的指挥，严格遵守《安规》和劳动纪律，在指定的作业范围内工作，对自己在工作中的行为负责，互相关心工作安全；

3）正确使用施工机具、安全工器具和劳动防护用品。

三、工作许可制度

（1）各工作许可人应在完成工作票所列由其负责的停电和装设接地线等安全措施后，方可发出许可工作的命令。

（2）值班调控人员、运维人员在向工作负责人发出许可工作的命令前，应记录工作班组名称、工作负责人姓名、工作地点和工作任务。

（3）现场办理工作许可手续前，工作许可人应与工作负责人核对线路名称、设备双重名称，检查核对现场安全措施，指明保留带电部位。

（4）填用电力电缆（配电）第一种工作票的工作，应得到全部工作许可人的许可，并由工作负责人确认工作票所列当前工作所需的安全措施全部完成后，方可下令工作。所有许可手续（工作许可人姓名、许可方式、许可时间等）均应记录在工作票上。

（5）带电作业需要停用重合闸（含已处于停用状态的重合闸），应向调控人员申请并履行工作许可手续。

（6）填用电力电缆（配电）第二种工作票的配电线路工作，可不履行工作许可手续。

（7）若停电线路作业还涉及其他单位配合停电的线路，工作负责人应在得到指定的配合停电设备运维管理单位联系人通知这些线路已停电和接地，并履行工作许可书面手续后，才可开始工作。

（8）用户侧设备检修，需电网侧设备配合停电时，应得到用户停送电联系人的书面申请，批准后方可停电。在电网侧设备停电措施实施后，由电网侧设备的运维管理单位或调度控制中心负责向用户停送电联系人许可。恢复送电，应接到用户停送电联系人的工作结束报告，做好录音并记录后方可进行。

（9）在用户设备上工作，许可工作前，工作负责人应检查确认用户设备的运行状态、安全措施符合作业的安全要求。作业前检查多电源和有自备电源的用户已采取机械或电气联锁等防反送电的强制性技术措施。

（10）许可开始工作的命令，应通知工作负责人。其可采用以下几种方法：

1）当面通知，工作许可人和工作负责人应在工作票上记录许可时间，并分别签名；

2）电话下达，工作许可人和工作负责人应分别记录许可时间和双方姓名，复诵核对无误；

3）派人送达。

（11）工作负责人、工作许可人任何一方不得擅自变更运行接线方式和安全措施，工作中若有特殊情况需要变更时，应先取得对方同意，并及时恢复，变更情况应及时记录在值班日志或工作票上。

（12）禁止约时停、送电。

四、工作监护制度

（1）工作许可后，工作负责人、专责监护人应向工作班成员交代工作内容、人员分工、带电部位和现场安全措施，告知危险点，并履行签名确认手续，装完工作接地线后，方可下达开始工作的命令。

（2）工作负责人、专责监护人应始终在工作现场。

（3）工作票签发人、工作负责人对有触电危险、检修（施工）复杂容易发生事故的工作，应增设专责监护人，并确定其监护的人员和工作范围。

专责监护人不得兼做其他工作。专责监护人临时离开时，应通知被监护人员停止工作或离开工作现场，待专责监护人回来后方可恢复工作。专责监护人需长时间离开工作现场时，应由工作负责人变更专责监护人，履行变更手续，并告知全体被监护人员。

（4）工作期间，工作负责人若需暂时离开工作现场，应指定能胜任的人员临时代替，离开前应将工作现场交代清楚，并告知全体工作班成员。原工作负责人返回工作现场时，也应履行同样的交接手续。

工作负责人若需长时间离开工作现场时，应由原工作票签发人变更工作负责人，履行变更手续，并告知全体工作班成员及所有工作许可人。原工作负责人和现工作负责人应履行必要的交接手续，并在工作票上签名确认。

（5）工作班成员的变更，应经工作负责人的同意，工作负责人需要在工作票上做好变更记录；中途加入的工作班成员，应由工作负责人、专责监护人对其进行安全交底并履行确认手续。

（6）配电线路、设备检修过程中，检修人员（包括工作负责人）不宜单独进入或滞留在高压配电室、开闭所等带电设备区域内。若工作需要（如测量极性、回路导通试验、光纤回路检查等），而且现场设备允许时，可以准许工作班中有实际经验的一个人或几人同时在他室工作，但工作负责人事前应将有关安全注意事项详细告知。

五、工作间断、转移制度

（1）工作中，遇雷、雨、大风或其他任何情况威胁到作业人员的安全时，工作负责人或专责监护人可根据情况，临时停止工作。

（2）工作间断时，若工作班必须暂时离开工作地点，应采取安全措施并派人看守，不让人、畜接近挖好的基坑或未竖立稳固的杆塔以及负载的起重和牵引机械装置等。

（3）工作间断，工作班离开工作地点，若接地线保留不变，恢复工作前应检查确认接地线完好；若接地线拆除，恢复工作前应重新验电、装设接地线。

（4）使用同一张工作票依次在不同工作地点转移工作时，若工作票所列的安全措施在开工前一次做完，则在工作地点转移时不需要再分别办理许可手续；若工作票所列的停电、接地等安全措施随工作地点转移，则每次转移均应分别履行工作许可、终结手续，依次记录在工作票上，并填写使用的接地线编号、装拆时间、位置等随工作地点转移情况。工作负责人在转移工作地点时，应逐一向工作人员交代带电范围、安全措施和注意事项。

（5）一条电缆线路分区段工作，若填用一张工作票，经工作票签发人同意，在线路检修状态下，由工作班自行装设的接地线等安全措施可分段执行。工作票上应填写使用的接地线编号、装拆时间、位置、许可人等随工作区段转移情况。

（6）填用数日内工作有效的电力电缆（配电）第一种工作票，每日收工时如果将工作地点所装的接地线拆除，次日恢复工作前应重新验电、挂接地线。

经调度允许的连续停电、夜间不送电的线路，工作地点的接地线可以不拆除，但次日恢复工作前应派人检查。

六、工作终结制度

（1）工作完工后，应清扫整理现场，工作负责人（包括小组负责人）应检查检修地段的状况，确认工作的设备和线路的杆塔、导线、绝缘子及其他辅助设备上没有遗留个人保安线和其他工具、材料，查明全部工作人员确从线路、设备上撤离后，再命令拆除由工作班自行装设的接地线等安全措施。接地线拆除后，应即认为线路带电，任何人不得再登杆工作或在设备上工作。

（2）工作地段所有由工作班自行装设的接地线拆除后，工作负责人应及时向相关工作许可人（含配合停电线路、设备许可人）报告工作终结。

（3）多个小组工作，小组负责人必须得到工作负责人的同意后方可拆除本小组装设的接地线；工作负责人应在得到所有小组负责人工作结束的汇报，并确认所有接地线等安全措施拆除后，方可与相关工作许可人（含配合停电线路、设备许可人）办理工作终结手续。

（4）工作终结后，工作负责人应及时报告工作许可人，工作终结报告方式如下：

1）当面报告；

2）电话报告，并经复诵无误，宜录音。

此外，若有其他单位配合停电线路，还应及时通知指定的配合停电设备运维管理单位联系人。

（5）工作终结报告应简明扼要，主要包括：①工作负责人姓名；②某线路（设备）上某处（说明起止杆塔号、分支线名称、位置称号、设备双重名称等）工作已经完工；③所修项目、试验结果、设备改动情况和存在问题等；④工作班自行装设的接地线已全部拆除；⑤线路（设备）上已无本班组工作人员和遗留物，可以送电。

（6）工作许可人在接到所有工作负责人（包括用户）的终结报告，并确认所有工作已完毕，所有工作人员已撤离，所有接地线已拆除，与记录簿核对无误并做好记录后，方可下令拆除各侧安全措施，向线路恢复送电。

七、动火工作的规定

1. 动火作业和动火作业票

（1）动火作业，是能直接或间接产生明火的作业，包括熔化焊接、切割、喷枪、喷灯、钻孔、打磨、锤击、破碎、切削等。

（2）在重点防火部位或场所以及禁止明火区动火作业，应填用动火工作票，其方式有下列两种：

1）填用（配电、变电站或线路）一级动火工作票；

2）填用（配电、变电站或线路）二级动火工作票。

（3）在一级动火区动火作业，应填用一级动火工作票。一级动火区，是火灾危险性很大，发生火灾时后果很严重的部位、场所或设备，如：油区和油库围墙内；油管道及与油系统相连的设备、油箱（除此之外的部位列为二级动火区域）；危险品仓库及汽车加油站、液化气站内；变压器、电压互感器、充油电缆等注油设备、蓄电池室（铅酸）；一旦发生火灾可能严重危及人身、设备和电网安全以及对消防安全有重大影响的部位。

在二级动火区动火作业，应填用二级动火工作票。二级动火区，是一级动火区以外的所有防火重点部位、场所或设备及禁火区域，如：油管道支架及支架上的其他管道；动火地点有可能火花飞溅落至易燃易爆物体附近；电缆沟道（竖井）内、隧道内、电缆夹层；调度室、控制室、通信机房、电子设备间、计算机房、档案室；一旦发生火灾可能危及人身、设备和电网安全以及对消防安全有影响的部位。

（4）动火工作票不准代替设备停复役手续或检修工作票、工作任务单和事故紧急抢修单，并应在动火工作票上注明检修工作票、工作任务单和事故紧急抢修单的编号。

2. 动火工作票的填写与签发

（1）动火工作票应使用黑色或蓝色的钢（水）笔或圆珠笔填写与签发，内容应正确、填写应清楚，不得任意涂改。如有个别错字、漏字需要修改、补充时，应使用规范的符号，字迹应清楚。用计算机生成或打印的动火工作票应使用统一的票面格式，工作票签发人审核无误，并手工或电子签名。

（2）动火工作票一般至少一式三份，一份由工作负责人收执、一份由动火执行人收执、一份保存在安监部门或具有消防管理职责的部门（指一级动火工作票）或动火的专业室（中心）（指二级动火工作票）。若动火工作与运维有关，即需要运维人员对设备系统采取隔离、冲洗等防火安全措施者，还应增加一份交运维人员收执。

（3）一级动火工作票由动火工作票签发人签发，专业室（中心）安监负责人、消防管理负责人审核，专业室（中心）分管生产的领导或技术负责人（总工程师）批准，必要时还应报当地公安消防部门批准。

二级动火工作票由动火工作票签发人签发，专业室（中心）安监人员、消防人员审核，专业室（中心）分管生产的领导或技术负责人（总工程师）批准。

（4）动火工作票签发人不得兼任动火工作负责人。动火工作票的审批人、消防监护人不得签发动火工作票。

（5）外单位到生产区域内动火时，动火工作票由设备运维管理单位签发和审批，也可由外单位和设备运维管理单位实行"双签发"。

3. 动火工作票的有效期

（1）一级动火工作票的有效期为24h，二级动火工作票的有效期为120h。

（2）动火作业超过有效期限，作业人员应重新办理动火工作票。

4. 动火工作票所列人员的基本条件

（1）一级、二级动火工作票签发人应是经本单位考试合格，并经本单位批准且公布的有关部门负责人、技术负责人或本单位批准的其他人员。

（2）动火工作负责人应是具备检修工作负责人资格并经专业室（中心）考试合格的人员。

（3）动火执行人应具备有关部门颁发的合格证（资质证书）。

5. 动火工作票所列人员的安全责任

（1）动火工作票各级审批人员和签发人的安全责任：工作的必要性；工作的安全性；工作票上所列安全措施是否正确完备。

（2）动火工作负责人的安全责任：正确安全地组织动火工作；负责检修应做的安全措施并使其完善；向有关人员布置动火工作，交代防火安全措施，进行安全教育；始终监督现场动火工作；负责办理动火工作票开工和终结手续；在动火工作间断、终结时，检查现场无残留火种。

（3）运维许可人的安全责任：工作票所列安全措施是否正确完备，是否符合现场条件；动火设备与运行设备是否确已隔绝；向工作负责人现场交代运维所做的安全措施是否完善。

第二章　保证安全的组织措施和技术措施

（4）消防监护人的安全责任：负责为动火现场配备必要、足够的消防设施；负责检查现场消防安全措施的完善和正确；测定或指定专人测定动火部位（现场）可燃性气体、易燃液体的可燃蒸汽含量是否合格；始终监视现场动火作业的动态，发现失火及时扑救；在动火工作间断、终结时，检查现场无残留火种。

（5）动火执行人的安全责任：动火前应收到经审核批准且允许动火的动火工作票；按本工种规定的防火安全要求做好安全措施；全面了解动火工作任务和要求，并在规定的范围内执行动火；在动火工作间断、终结时，清理并检查现场无残留火种。

6. 动火作业安全防火要求

（1）有条件拆下的构件，如油管、阀门等，应拆下来移至安全场所。

（2）可以采用不动火的方法代替而同样能够达到效果时，尽量采用替代的方法处理。

（3）尽可能地把动火时间和范围压缩到最低限度。

（4）凡盛有或盛过易燃易爆等化学危险物品的容器、设备、管道等生产、储存装置，在动火作业前应将其与生产系统彻底隔离，并进行清洗置换，检测可燃气体、易燃液体的可燃蒸汽含量合格后，方可动火作业。

（5）动火作业应有专人监护，动火作业前应清除动火现场及周围的易燃物品，或采取其他有效的防火安全措施，配备足够适用的消防器材。

（6）动火作业现场的通排风应良好，保证泄漏的气体能被顺畅排走。

（7）动火作业间断或终结后，动火执行人应清理现场，检查确认无残留火种，方可离开。

（8）禁止动火的情况如下：

1）压力容器或管道未泄压前；

2）存放易燃易爆物品的容器未清理干净或未进行有效置换前；

3）风力达5级以上的露天作业；

4）喷漆现场；

5）遇有火险异常情况未查明原因和消除前。

7. 动火工作的现场监护

（1）一级动火在首次动火时，各级审批人和动火工作票签发人均应现场检查防火安全措施是否正确完备，测定可燃气体、易燃液体的可燃蒸汽含量是否合格，并在监护下做明火试验，确无问题后方可动火。

二级动火时，专业室（中心）分管生产的领导或技术负责人（总工程师）可不到现场。

（2）一级动火时，专业室（中心）分管生产的领导或技术负责人（总工程师）、消防（专职）人员应始终在现场监护。

二级动火时，专业室（中心）应指定人员，并和消防（专职）人员或指定的义务消防员始终在现场监护。

（3）一级、二级动火工作在次日动火前应重新检查防火安全措施，并测定可燃气体、易燃液体的可燃蒸汽含量，合格方可重新动火。

（4）在一级动火工作的过程中，应每隔 2~4h 测定一次现场可燃气体、易燃液体的可燃气体含量是否合格。当发现不合格或异常升高数据时，应立即停止动火作业，未查明原因或排除险情前不准动火。

动火执行人、监护人同时离开作业现场，间断时间超过 30min，继续动火前，动火执行人、监护人应重新确认安全条件。

一级动火作业，间断时间超过 2h，继续动火前，应重新测定可燃气体、易燃液体的可燃蒸汽含量，合格后方可重新动火。

8. 动火工作的终结

动火工作完毕后，动火执行人、消防监护人、动火工作负责人和运维许可人应检查现场有无残留火种，现场是否清洁等。确认无问题后，在动火工作票上填明动火工作结束时间，四方签名后（若动火工作与运维无关，则三方签名即可），盖上"已终结"印章，动火工作方告终结。

动火工作终结后，工作负责人、动火执行人的动火工作票应交给动火工作票签发人，签发人将其中一份交至专业室（中心）。

动火工作票至少应保存 1 年。

第二节　保证安全的技术措施

一、停电

（1）工作地点，应停电的线路和设备。

1）检修的线路或设备；

2）与检修线路、设备相邻、安全距离小于表 2-3 规定的运行线路或设备；

3）大于表 2-3、小于表 2-1 规定且无绝缘遮蔽或安全遮栏措施的设备；

表 2-3　作业人员工作中正常活动范围与高压线路、设备带电部分的安全距离

电压等级（kV）	安全距离（m）
10 及以下	0.35
20、35	0.60

4）危及线路停电作业安全，且不能采取相应安全措施的交叉跨越、平行或同杆（塔）架设线路；

5）有可能从低压侧向高压侧反送电的设备；

6）工作地段内有可能反送电的各分支线（包括用户，下同）。

7）其他需要停电的线路或设备。

（2）检修线路、设备停电，应把工作地段内所有可能来电的电源全部断开（任何运行中星形接线设备的中性点，应视为带电设备）。

（3）停电时应拉开隔离开关，手车开关应拉至"试验"或"检修"位置，使停电的线路和设备各端都有明显的断开点。若无法观察到停电线路、设备的断开点，应有能够反映线路、设备运行状态的电气和机械等指示。无明显断开点也无电气、机械等指示时，应断开上一级电源。

（4）对难以做到与电源完全断开的检修线路、设备，可拆除其与电源之间的电气连接。禁止在只经断路器断开电源且未接地的线路或设备上工作。

（5）可直接在地面操作的断路器、隔离开关的操作机构应加锁；不能直接在地面操作的断路器、隔离开关应悬挂"禁止合闸，有人工作！"或"禁止合闸，线路有人工作！"的标示牌。熔断器的熔管应摘下或悬挂"禁止合闸，有人工作！"或"禁止合闸，线路有人工作！"的标示牌。

（6）两台及以上配电变压器低压侧共用一个接地引下线时，其中任一台配电变压器停电检修，其他配电变压器也应停电。

（7）高压开关柜前后间隔没有可靠隔离的，工作时应同时停电。电气设备直接连接在母线或引线上的，设备检修时应将母线或引线停电。

（8）低压配电线路和设备检修，应断开所有可能来电的电源（包括解开

电源侧和用户侧连接线），对工作中有可能触碰的相邻带电线路、设备应采取停电或绝缘遮蔽措施。

二、验电

（1）在停电线路和设备工作地段接地前，应使用相应电压等级、合格的接触式验电器（测电笔），逐相验明线路确无电压。

室外低压配电线路和设备验电宜使用声光验电器。

高压线路和设备验电时，绝缘棒或绝缘绳的金属部分应逐渐接近导线，根据有无放电声和火花来判断线路是否确无电压。

（2）高压验电前，验电器应先在有电设备上试验，确证验电器良好；无法在有电设备试验时，可用工频高压发生器等确证验电器良好。

低压验电前，应先在低压有电部位上试验，以验证验电器或测电笔完好。

（3）高压验电时，人体与被验电的线路、设备的带电部位应保持表2-1规定的安全距离。使用伸缩式验电器，绝缘棒应拉到位，验电时手应握在手柄处，不得超过护环，应戴绝缘手套。

雨雪天气室外设备宜采用间接验电；若直接验电，应使用雨雪型验电器，并戴绝缘手套。

（4）对同杆（塔）塔架设的多层电力线路验电，应先验低压、后验高压，先验下层、后验上层，先验近侧、后验远侧。

禁止作业人员越过未经验电、接地的10（20）kV线路及未采取绝缘措施的低压带电线路对上层、远侧线路进行验电。

（5）线路的验电应逐相（直流线路逐极）进行。检修联络用的断路器、隔离开关，应在两侧验电。

（6）对无法直接验电的设备，应间接验电，即通过设备的机械位置指示、电气指示、带电显示装置、仪表及各种遥测、遥信等信号的变化来判断。判断时，至少应有两个非同样原理或非同源的指示发生对应变化，且所有这些确定的指示均已同时发生对应变化，方可确认该设备已无电压。检查中若发现其他任何信号有异常，均应停止操作，查明原因。若遥控操作，可采用上述的间接方法或其他可靠方法间接验电。

三、接地

（1）线路经验明确已无电压后，应立即装设接地线并三相短路（直流线路两极接地线分别直接接地）。

工作地段各端和工作地段内有可能反送电的各分支线都应接地。直流接地极线路，作业点两端应装设接地线。配合停电的线路可以只在工作地点附近装设一处工作接地线。

（2）配电线路、设备检修时，当验明检修的低压配电线路、设备确无电压后，至少应采取以下措施之一防止反送电：

1）所有相线和零线接地并短路；

2）绝缘遮蔽；

3）在断开点加锁，悬挂"禁止合闸，有人工作！"或"禁止合闸，线路有人工作！"的标示牌。

（3）配合停电的交叉跨越或邻近线路，在线路的交叉跨越或邻近处附近应装设一组接地线。配合停电的同杆（塔）架设线路装设接地线要求与检修线路相同。

（4）装设、拆除接地线应有人监护。

（5）在电缆线路和设备上，接地线的装设部位应是与检修线路和设备电气直接相连去除油漆或绝缘层的导电部分。

配电线路绝缘导线的接地线应装设在验电接地环上。

（6）禁止作业人员擅自变更工作票中指定的接地线位置；若需变更，工作负责人应征得工作票签发人同意，并在工作票上注明变更情况。

（7）作业人员应在接地线的保护范围内作业。禁止在无接地线或接地线敷设不齐全的情况下进行高压检修作业。

（8）装设、拆除接地线均应使用绝缘棒或专用的绝缘绳，并戴绝缘手套，人体不得碰触接地线或未接地的导线。

（9）装设的接地线应接触良好、连接可靠。装设接地线应先接接地端、后接导体端，拆除接地线的顺序与此相反。

（10）装设同杆（塔）塔架设的多层电力线路接地线，应先装设低压、后装设高压，先装设下层、后装设上层，先装设近侧、后装设远侧。拆除接地线的顺序与此相反。

（11）电缆及电容器接地前应逐相充分放电，星形接线电容器的中性点应接地，串联电容器及与整组电容器脱离的电容器应逐个充分放电，装在绝缘支架上的电容器外壳也应放电。电缆作业现场应确认检修电缆至少有一处已可靠接地。

（12）成套接地线应用有透明护套的多股软铜线和专用线夹组成，接地线截面积应满足装设地点短路电流的要求，且高压接地线的截面积不得小于 25mm^2，低压接地线和个人保安线的截面积不得小于 16mm^2。接地线应使用专用的线夹固定在导体上，禁止用缠绕的方法接地或短路。禁止使用其他导线接地或短路。

（13）接地线、接地闸刀与检修设备之间不得连有断路器或熔断器。若由于设备原因，接地闸刀与检修设备之间连有断路器，在接地闸刀和断路器合上后，应有保证断路器不会分闸的措施。

（14）在杆塔或横担接地良好的杆塔的条件下装设接地时，接地线可单独或合并后接到杆塔上，但杆塔接地电阻和接地通道应良好。杆塔与接地线连接部分应清除油漆，接触良好。

无接地引下线的杆塔，可采用临时接地体。临时接地体的截面积不准小于 190mm^2（如 φ16 圆钢），埋深不准小于 0.6m。对于土壤电阻率较高地区，如岩石、瓦砾、沙土等，应采取增加接地体根数、长度、截面积或埋地深度等措施改善接地电阻。

（15）在同杆塔架设多回线路杆塔的停电线路上装设的接地线，应采取措施防止接地线摆动，并满足表 2-1 对安全距离的规定。断开耐张杆塔引线或工作中需要拉开断路器、隔离开关时，应先在其两侧装设接线。

（16）低压配电设备、低压电缆、集束导线停电检修，无法装设接地线时，应采取绝缘遮蔽或其他可靠隔离措施。

四、悬挂标示牌和装设遮栏（围栏）

（1）在工作地点或检修的线路、设备上悬挂"在此工作！"标示牌。

（2）工作地点有可能误登、误碰的邻近带电设备，应根据设备运行环境悬挂"止步，高压危险！"等标示牌。

（3）在一经合闸即可送电到工作地点的断路器和隔离开关的操作处或机构箱门锁把手上及熔断器操作处，应悬挂"禁止合闸，有人工作！"标示牌；

若线路上有人工作,应悬挂"禁止合闸,线路有人工作!"标示牌。

(4)由于设备原因,接地闸刀与检修设备之间连有断路器,在接地闸刀和断路器合上后,在断路器的操作处或机构箱门锁把手上,应悬挂"禁止分闸!"标示牌。

(5)线路、设备检修,在显示屏上断路器或隔离开关的操作处应设置"禁止合闸,有人工作!"或"禁止合闸,线路有人工作!"以及"禁止分闸!"标记。

(6)部分停电的工作,安全距离小于表 2-1 规定以内的未停电设备,应装设临时遮栏,临时遮栏与带电部分的距离不得小于表 2-3 的规定数值。临时遮栏可用坚韧绝缘材料制成,装设应牢固,并悬挂"止步,高压危险!"标示牌。

35kV 及以下设备可用与带电部分直接接触的绝缘隔板代替临时遮栏。

(7)低压开关(熔丝)拉开(取下)后,应在适当位置悬挂"禁止合闸,有人工作!"或"禁止合闸,线路有人工作!"标示牌。

(8)高压配电设备做耐压试验时应在周围设围栏,围栏上应向外悬挂适当数量的"止步,高压危险!"标示牌。

(9)在城区、人口密集区或交通道口和通行道路上施工时,工作场所周围应装设遮栏(围栏),并在相应部位装设警告标示牌。必要时,派专人看管。

(10)禁止越过遮栏(围栏)。

(11)禁止作业人员擅自移动或拆除遮栏(围栏)、标示牌。因工作原因需要短时移动或拆除遮栏(围栏)、标示牌时,应有人监护。工作完毕后,应立即恢复。

第三章

作业安全风险辨识评估与控制

第一节 概 述

为贯彻落实公司安全生产工作部署，践行"人民至上、生命至上"的理念，深刻吸取近年来本行业各类安全事故教训，聚焦人身风险，进一步加强生产现场作业风险管控，提升现场作业安全水平。本章节依据《国家电网有限公司关于进一步加强生产现场作业风险管控工作的通知》（国家电网设备〔2022〕89 号）和《输电现场作业风险管控实施细则（试行）》《变电现场作业风险管控实施细则（试行）》《配电现场作业风险管控实施（试行）》，综合考虑设备、电网风险，坚持"源头防范、分级管控"，推行"一表一库"（作业风险分级表和检修工序风险库），结合三级生产管控中心建设，构建生产现场作业"五级五控"风险防控体系（即Ⅰ至Ⅴ级作业风险；总部、省公司、地市级单位、县公司级单位、班组及供电所五级管控），持续提升生产现场作业安全水平，全面增强作业人员安全意识、作业风险辨识能力和现场安全管控水平，确保不发生生产作业现场人身伤亡事故、恶性误操作事件以及运维检修管理责任的设备故障跳闸（临停）事件（三提高三不发生）。

阐述作业项目安全风险控制的职责与分工、计划编制、风险识别、评估定级、现场实施等要求，遵循"全面评估、分级管控"的工作原则，并依托安全生产风险管控平台（简称平台，含移动 App）实施全过程管理，形成"流程规范、措施明确、责任落实、可控在控"的安全风险管控机制。

作业项目安全风险管控流程包括计划管理、风险辨识、风险评估、风险公示、风险控制、检查与改进等环节。

第三章 作业安全风险辨识评估与控制

安监部门负责建立健全本单位作业风险评估、管控及督查工作机制；组织、协调和督导本单位作业风险管控工作，对所属单位作业风险评估定级、公示、管控措施制定和落实情况开展监督检查和评价考核，牵头组织风险管控工作督查会议。

运检、营销、建设、调控中心等专业部门负责组织本专业作业计划编制、风险评估定级、管控措施落实等工作；按要求组织开展到岗到位工作；参加风险管控工作督查会议。

二级机构（工区、项目部）负责组织实施作业风险管控工作，编制并上报作业计划，按照批复的作业计划组织落实风险预控、作业准备、作业实施、到岗到位等各环节安全管控措施和要求。

班组负责落实现场勘察、风险评估、"两票"执行、班前（后）会、安全交底、作业监护等安全管控措施和要求。

作业风险管控工作流程如图 3-1 所示。

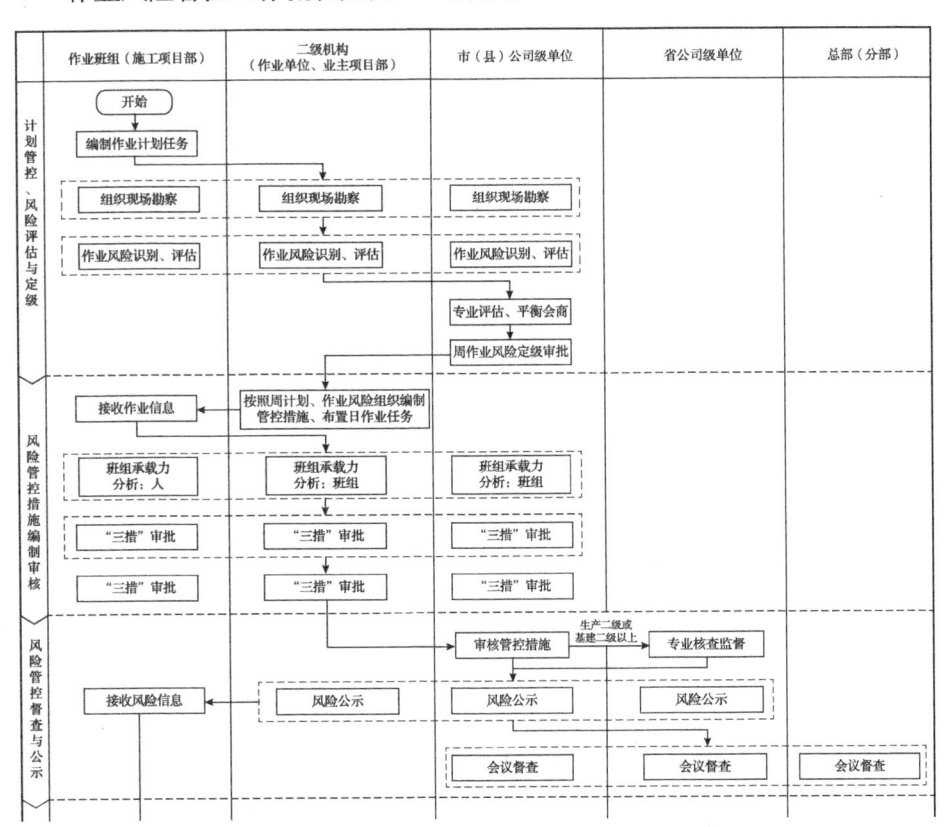

图 3-1 作业风险管控工作流程

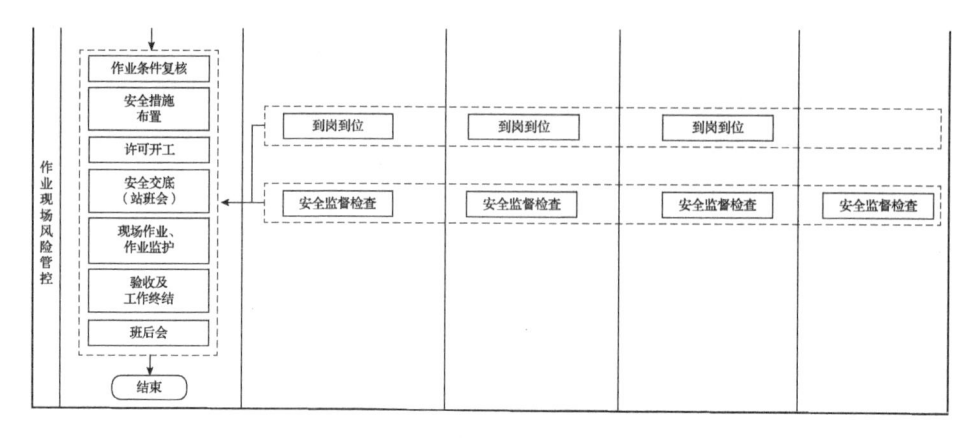

图 3-1 作业风险管控工作流程（续）

第二节　作业安全风险辨识与控制

一、作业风险分级

统筹考虑多维度风险因素，建立现场作业风险分级表和典型作业风险库，切实指导现场组织管理和关键环节管控，促进"五级五控"机制落实。

1. 作业风险分级表

按照设备电压等级、作业范围、作业内容对检修作业进行分类，在突出人身风险的基础上，综合考虑作业管控难度、工艺技术难度等因素，建立作业风险分级表（见表 3-1）。风险分为Ⅰ级～Ⅴ级五个等级，对应风险由高到低，用于指导现场作业组织管理。每个风险因素等级评价主要内容具体如下。

表 3-1　作业风险分级表

序号	电压等级	作业类型	作业内容	风险因素评级	分级
1	66kV	A/B 类检修	开断电缆作业	人身安全风险：3 级 安全管控难度：4/5 级 工艺技术难度：3 级	Ⅲ级
2	66kV 及以上	A/B 类检修	邻近易燃、易爆物品或电缆沟、隧道等密闭空间动火作业	工艺技术难度：3 级 安全管控难度：4/5 级 工艺技术难度：3/4 级	Ⅲ级

续表

序号	电压等级	作业类型	作业内容	风险因素评级	分级
3	66kV及以上	A/B类检修	制作环氧树脂电缆头和调配环氧树脂工作	人身安全风险：3级 安全管控难度：4/5级 工艺技术难度：4级	Ⅲ级
4	66kV及以上	B类检修	高压电缆试验	人身安全风险：3级 安全管控难度：4/5级 工艺技术难度：3/4级	Ⅲ级
5	66kV及以上	C类检修	电缆所有作业	工艺技术难度：4/5级 安全管控难度：4/5级 工艺技术难度：5级	Ⅳ级
6	66kV及以上	D类检修	电缆所有作业	人身安全风险：4/5级 安全管控难度：4/5级 工艺技术难度：5级	Ⅴ级
7	66kV及以上	电缆巡视	进入电缆隧道、电缆井等密闭空间开展的巡视	人身安全风险：4/5级 安全管控难度：4/5级 工艺技术难度：5级	Ⅴ级
8	66kV及以上	电缆巡视	电缆故障、洪水倒灌、异常告警时开展的巡视	人身安全风险：2级 安全管控难度：4/5级 工艺技术难度：4/5	Ⅲ级
9	6~35kV	A/B/C类检修	电缆线路本体及附件	人身安全风险：3级 安全管控难度：4/5级 工艺技术难度：3/4级	Ⅳ
10	6~35kV	A/D类检修	电缆通道检修	人身安全风险：4/5级 安全管控难度：4/5级 工艺技术难度：5级	Ⅴ
11	6~35kV	A/D类检修	涉及有限空间电缆通道检修	人身安全风险：3级 安全管控难度：4/5级 工艺技术难度：4/5级	Ⅲ
12	6~35kV	E类检修	带电断空载电缆线路与架空线路连接引线、带电接空载电缆线路与架空线路连接引线	人身安全风险：3级 安全管控难度：4/5级 工艺技术难度：3/4级	Ⅳ

◆ 电力电缆

续表

序号	电压等级	作业类型	作业内容	风险因素评级	分级
13	6~35kV	E类检修	旁路作业检修电缆线路	人身安全风险：3级 安全管控难度：4/5级 工艺技术难度：3/4级	Ⅲ
14	6~20kV	A/B/C类检修	电缆分支箱本体及附件检修	人身安全风险：3级 安全管控难度：4/5级 工艺技术难度：3/4级	Ⅳ
15	6~20kV	D类检修	接地检修	人身安全风险：4/5级 安全管控难度：4/5级 工艺技术难度：5级	Ⅴ
16	0.4kV	A/B类检修	低压电缆、配电柜检修	人身安全风险：3级 安全管控难度：4/5级 工艺技术难度：3/4级	Ⅳ
17	0.4kV	C/D类检修	低压电缆、配电柜检修	人身安全风险：4/5级 安全管控难度：4/5级 工艺技术难度：5级	Ⅴ
18	0.4kV	E类检修	0.4kV带电、接断低压空载电缆引线	人身安全风险：3级 安全管控难度：4/5级 工艺技术难度：3/4级	Ⅳ

（1）人身安全风险。

聚焦人身安全，依据作业中存在的高空坠落、机械伤害、触电、气体中毒等人身伤害因素数量，进行人身安全风险评价。涉及带电作业、双回（多回）线路单回停电作业、深基坑作业、电缆有限空间作业、交跨带电线路和恶劣天气作业时，其人身安全风险提级管控。

（2）作业管控难度。

聚焦交圈地带作业等高风险环节，依据参检单位或人员数量、现场作业面数量等进行作业管控难度评价。涉及夜间作业、高温严寒、高海拔和跨越等条件下作业或作业区段跨一级及以上公路、二级以上铁路、重要输电通道、主通航河流、海上主航道等重要跨越物时，其作业管控难度提级。

（3）工艺技术难度。

聚焦设备检修质量，依据作业类型、电压等级、工艺要求、工序复杂程

第三章 作业安全风险辨识评估与控制

度进行工艺技术难度等级评价。涉及搭设跨越架作业、带电作业、海底电缆等作业时，其工艺技术难度提级。

2. 典型作业风险库

考虑不同作业类型特点，分析实施过程存在的安全、质量风险，制定对应管控措施，形成典型作业风险库（表3-2至表3-4），便于作业风险按日动态更新、统计，指导关键环节管控。

表3-2　典型作业风险库——高压电缆线路检修关键工序风险库

序号	设备	工作内容	风险类型	风险等级	风险防范措施
1	电力电缆	搬运与开箱	机械伤害、物体打击	中	（1）使用吊车卸车搬运时，吊车司机和起重人员必须持证上岗。吊车应摆放在空旷平整的地面；吊车支腿不应放置在电缆沟盖板、电缆井盖板等易断裂物体上且支腿距离电缆沟（电缆井）边缘≥1.5m。变电站内设备搬运应采取牢固的封车措施，车的行驶速度应小于15km/h。 （2）开箱作业人员相距不可太近，作业人员应相互协调，严禁野蛮作业，防止损坏设备，及时清理外包装，避免造成人身伤害。 （3）在设备区使用吊车吊卸重物时，重物及吊车附棒应与带电设备保持足够的安全距离，满足安规要求。 （4）起吊物应绑牢，并有防止倾倒措施。吊钩悬挂点应与吊物的重心在同一垂直线上，吊钩钢丝绳应保持垂直，严禁偏拉斜吊。落钩时，应防止吊物局部着地引起吊绳偏斜，吊物未固定好，严禁松钩。吊起的重物不得在空中长时间停留。在空中短时间停留时，操作人员和指挥人员均不得离开工作岗位。起吊前应检查起重设备及其安全装置；重物吊离地面约10cm时应暂停起吊并进行全面检查，确认良好后方可正式起吊。 （5）吊装过程中，作业人员应听从吊装负责人的指挥，不得在吊棒和吊车臂活动范围内的下方停留和通过，不得站在吊棒上随吊臂移动。 （6）防止高压电缆敷设展放时挤压伤人，造成人员伤害

续表

序号	设备	工作内容	风险类型	风险等级	风险防范措施
2	电力电缆	附件安装	高空坠落、绝缘击穿、灼伤、火灾	高	（1）开展高处作业前，均应先搭设脚手架、使用高空作业车、升降平台或采取其他防止坠落措施。高处作业平台应处于稳定状态，需要移动时，作业平台上不准载人。 （2）安全带和专作固定安全带的绳索在使用前应进行外观检查。安全带、防坠自锁器、速差自控器的检查试验周期为1年。 （3）作业人员攀登杆塔、杆塔上转位及杆塔上作业时，手扶的构棒应牢固，不准失去安全保护，并防止安全带从杆顶脱出或被锋利物损坏。 （4）在杆塔上作业时，应使用有后备保护绳或速差自锁器的双控背带式安全带，当后备保护绳超过3m时，应使用缓冲器。安全带和后备保护绳应分别挂在杆塔不同部位的牢固构棒上，后备保护绳不准对接使用。 （5）安全带的挂钩或绳子应挂在结实牢固的构棒或专为挂安全带用的钢丝绳上，并应采用高挂低用的方式。禁止系挂在移动或不牢固的物棒上（如电缆终端、避雷器、绝缘子等）。 （6）附棒安装过程中应严格把控关键步骤的尺寸和关键部位的工艺，并拍照进行影像留存。 （7）动火时，按规定使用动火工作票，现场配备灭火器；注意火焰喷口不能对着人体，防止伤人；动火时应开具动火证，做好安全防护措施，现场应配备灭火器
3	电力电缆	交接试验	高空坠落、机械伤害、低压触电、高压触电；绝缘击穿	高	（1）一次设备试验工作不得少于2人；试验作业前，必须规范设置安全隔离区域，向外悬挂"止步，高压危险！"的警示牌；设专人监护，严禁非作业人员进入；设备试验时，应将所要试验的设备与其他相邻设备做好物理隔离措施。 （2）调试过程试验电源应从试验电源屏或检修电源箱取得，严禁使用绝缘破损的电源线，用电设备与电源点距离超过3m的，必须使用带熔断器和漏电保护器的移动式电源盘，试验设备和被试设备应可靠接地，设备通电过程中，试验人员不

续表

序号	设备	工作内容	风险类型	风险等级	风险防范措施
3	电力电缆	交接试验	高空坠落、机械伤害、低压触电、高压触电；绝缘击穿	高	得中途离开。工作结束后应及时将试验电源断开。 （3）装、拆试验接线应在接地保护范围内，戴绝缘手套，穿绝缘鞋。在绝缘垫上加压操作，与加压设备保持足够的安全距离。 （4）更换试验接线前，应对测试设备充分放电。 （5）高处作业应正确使用安全带，作业人员在转移作业位置时不准失去安全保护。 （6）试验装置的金属外壳应可靠接地。 （7）电缆耐压试验分相进行时，另两相电缆应接地。施工人员严禁在电缆线路上做任何工作，防止感应电伤人。 （8）试验结束后，应对电缆（逐相）多次放电，确认电缆残余电荷放尽
4	电力电缆	电缆及通道巡视	气体中毒、高压触电	低	（1）进入电缆沟、井和电缆隧道前，应自然通风一段时间或先用吹风机排除浊气，再用气体检测仪检查沟、井或隧道内的易燃易爆及有毒气体的含量是否超标。电缆井内工作时，禁止只打开一只井盖（单眼井除外）。 （2）在电缆沟、井或隧道内工作时，通风设备应保持常开或保持持续通风，并进行持续检测。 （3）在通风条棒不良的电缆隧（沟）道内进行长距离巡视时，作业人员应携带便携式有害气体测试仪及自救呼吸器。 （4）电缆隧道内应急逃生标识标牌挂设应准确，逃生路径应通畅。 （5）密闭空间严禁单人或无人员监护作业。 （6）巡视人员与高压带电部位保持足够的安全距离
5	电力电缆	带电检测	气体中毒、高压触电	中	（1）进入电缆沟、井和电缆隧道前，应自然通风一段时间或先用吹风机排除浊气，再用气体检测仪检查沟井内或隧道内的易燃易爆及有毒气体的含量是否超标。电缆井内工作时，禁止只打开一只井盖（单眼井除外）。 （2）在电缆沟、井或隧道内工作时，通风设备应保持常开或保持持续通风，并进行持续检测。

续表

序号	设备	工作内容	风险类型	风险等级	风险防范措施
5	电力电缆	带电检测	气体中毒、高压触电	中	（3）在通风条棒不良的电缆隧（沟）道内进行长距离巡视时，作业人员应携带便携式有害气体测试仪及自救呼吸器。 （4）电缆隧道内应急逃生标识标牌挂设应准确，逃生路径应通畅。 （5）密闭空间严禁单人或无人员监护作业。 （6）带电检测人员与高压带电部位保持足够的安全距离。 （7）严禁裸手触碰运行电缆接地箱内接地线桩头或连接排。 （8）对运行电缆金属套接地线进行环流检测或安装CT传感器应佩戴绝缘手套
6	电力电缆	例行试验	高空坠落、机械伤害、低压触电、高压触电；绝缘击穿	低	（1）一次设备试验工作不得少于2人；试验作业前，必须规范设置安全隔离区域，向外悬挂"止步，高压危险！"的警示牌；设专人监护，严禁非作业人员进入；设备试验时，应将所要试验的设备与其他相邻设备做好物理隔离措施。 （2）调试过程试验电源应从试验电源屏或检修电源箱取得，严禁使用绝缘破损的电源线，用电设备与电源点距离超过3m的，必须使用带熔断器和漏电保护器的移动式电源盘，试验设备和被试设备应可靠接地，设备通电过程中，试验人员不得中途离开。工作结束后应及时将试验电源断开。 （3）装、拆试验接线应在接地保护范围内，戴绝缘手套，穿绝缘鞋。被试设备两端不在同一地点时，另一端还应派人看守，严禁非作业人员进入。设备试验时，应将所要试验的设备与其他相邻设备做好物理隔离措施。在绝缘垫上加压操作，与加压设备保持足够的安全距离。 （4）更换试验接线前，应对测试设备充分放电。 （5）高处作业应正确使用安全带，作业人员在转移作业位置时不准失去安全保护。 （6）试验结束后，应对电缆（逐相）多次放电，确认电缆残余电荷放尽

续表

序号	设备	工作内容	风险类型	风险等级	风险防范措施
7	电力电缆	电缆敷设或更换	机械伤害、高压触电、物体打击；电缆绝缘下降	高	（1）拆除老电缆前仔细核对电缆的铭牌和线路名称与工作票所写相符，确认无误后方能施工。 （2）拆除老电缆前对电缆进行验电、放电后挂接地线，防止发生人员触电事故。 （3）电缆盘在地面滚动时，必须按电缆绕紧的方向滚动，且外出头要扣紧，防止电缆松脱砸伤人员。 （4）电缆盘的吊装应符合相关规定。 （5）在电缆工井、竖井内作业时，应事先做好有毒有害及易燃气体测试，并做好通风，防止发生人员中毒事故。 （6）动火应严格执行相关安全规定，防止火灾事故发生。 （7）使用吊车时应严格执行相关规定，防止人员受伤或设备受损。 （8）登高作业时应按规定使用安全带，防止发生人员坠落事故。 （9）道路上施工时，注意来往车辆，派专人指挥交通。施工处应放置警示牌、告示牌、防撞桶，防撞桶应放在离施工区域 30 米以外。 （10）夜间占路施工应安装闪光警示灯、导向灯、箭头指示灯。施工区域用安全警示带

注：本库中如有未涵盖的工作内容，各单位根据现场作业实际情况开展相应的风险防控工作。

表 3-3　典型作业风险库——中压电缆线路检修关键工序风险库

序号	设备	工作内容	风险类型	风险等级	风险防范措施
1	电缆	装卸电缆盘	物体打击、机械伤害	低	（1）填写"安全施工作业票A"。 （2）起吊物应绑牢，并有防止倾倒措施。吊钩悬挂点应与吊物的重心在同一垂直线上，吊钩钢丝绳应保持垂直，严禁偏拉斜吊。落钩时，应防止吊物局部着地引起吊绳偏斜，吊物未固定好，严禁松钩。 （3）吊索（千斤绳）的夹角一般不大于 90°，最大不得超过 120°，起重机吊臂的最大仰角不得超过制造厂铭牌规定。

◆ 电力电缆

续表

序号	设备	工作内容	风险类型	风险等级	风险防范措施
1	电缆	装卸电缆盘	物体打击、机械伤害	低	(4)起吊大件或不规则组件时，应在吊件上拴挂牢固的溜绳。 (5)起重工作区域内无关人员不得停留或通过。在伸臂及吊物的下方，严禁任何人员通过或逗留。 (6)起重机吊运重物时应走吊运通道，严禁从有人停留场所上空越过；对起吊的重物进行加工、清扫等工作时，应采取可靠的支撑措施，并通知起重机操作人员。 (7)吊起的重物不得在空中长时间停留。在空中短时间停留时，操作人员和指挥人员均不得离开工作岗位。起吊前应检查起重设备及其安全装置；重物吊离地面约10cm时应暂停起吊并进行全面检查，确认良好后方可正式起吊。 (8)电缆盘要放牢稳，随时注意电缆盘是否稳固，随时用千斤顶掌握平衡，电缆裕度不能过多，应随时调整，必要时停止放线
2	电缆	拆除旧电缆	触电、机械伤害	低	(1)拆除旧电缆前仔细核对电缆的铭牌和线路名称与工作票所写是否相符，确认无误后方能施工，拆除旧电缆前对电缆进行验电、放电后挂接地线。 (2)根据回收用途及现场实际情况，确定旧电缆分段的方案。 (3)在各分段的旧电缆两侧用电缆识别仪确认，用接地的带绝缘柄的铁钎钉入目标电缆芯确认电缆无电后，将需更换的旧电缆段从两侧锯开，用封帽将电缆末端封好。 (4)电缆经过的电缆井处由有经验的工作人员监护，控制好摩擦力、牵引力、侧压力、扭力等技术参数，防止损伤运行电缆
3	电缆	直埋敷设	物体打击、机械伤害、高处坠落	低	(1)填写"安全施工作业票A"。 (2)施工前应对同沟敷设的运行电缆进行勘察，并对施工人员进行安全交底。

第三章 作业安全风险辨识评估与控制

续表

序号	设备	工作内容	风险类型	风险等级	风险防范措施
3	电缆	直埋敷设	物体打击、机械伤害、高处坠落	低	（3）对同沟敷设运行线路要先挖样洞，查明电缆位置。 （4）遇有土方松动、裂纹、涌水等情况应及时加设支撑，临时支撑要搭设牢固，严禁用支撑代替上下扶梯。 （5）直埋敷设电缆时，超过1.5m以上深度要进行放坡处理，沟的两边沿要清出0.5m以上的通道，防止落石伤人。 （6）开挖深度超过1.5m的沟槽，按标准设围栏防护和密目安全网封挡。 （7）超过1.5m的沟槽，搭设上下通道，危险处设红色标志灯。 （8）按施工方案放置敷设机具，在拐弯处设拐弯滑轮，上下坡等地方应额外增加直线滑轮。 （9）机械牵引时，敷设速度不大于15m/min，机械牵引采用牵引头或钢丝网套牵引，牵引外护套时，最大牵引力不大于$7N/mm^2$，弯曲半径满足要求。 （10）电缆盘处由1至2名有经验人员负责施工，检查外观有无破损。 （11）机械牵引时，牵引人员应为经验丰富的人员，敷设过程中若发现问题，应立即停止敷设，及时处理问题。 （12）电缆裕度摆放合理，满足设计要求。 （13）电缆就位轻放。 （14）敷设后，检查电缆密封端头、电缆外护套是否损伤，试验是否合格，有问题应及时处理。 （15）用记号笔在电缆两端做好路名标记。对于单芯电缆，将相色带缠绕在电缆两端的明显位置。 （16）电缆的上下部应铺以不小于100mm厚的软土（不应有石块或其他硬质杂物）或沙层，并加盖保护板，其覆盖宽度应超过电缆两侧各50mm，在保护板上铺警示带。

续表

序号	设备	工作内容	风险类型	风险等级	风险防范措施
3	电缆	直埋敷设	物体打击、机械伤害、高处坠落	低	（17）埋设回填土，注意及时清除土中的石块、砖头等杂物
4	电缆	排管、电缆沟敷设	物体打击、机械伤害	低	（1）在工井内安装直线滑轮。 （2）用穿管器将钢丝绳穿好。 （3）在保护管的进、出口处安装管口喇叭口。 （4）对于大截面电缆，搭设放线架，将电缆平滑引至工井内，在放线架和中间工井内放置电缆输送机辅助牵引。 （5）机械牵引时，牵引力满足设计规范和规程标准的要求，敷设速度不大于15m/min，110kV及以上电缆或在较复杂路径上回收时，其速度不宜超过6~7m/min；满足弯曲半径和侧压力、扭力等要求。 （6）电缆盘处由1至2名有经验人员负责施工，检查外观有无破损，并协助牵引人员把电缆终端顺利送到井口处，电缆表面可涂牛油减小摩擦阻力。 （7）敷设时应注意保持通信顺畅，在电缆盘、工井等地方安排有经验的人员看护，敷设过程中若发现问题，应立即停止敷设，及时处理问题。 （8）电缆裕度摆放合理，满足设计要求。 （9）电缆就位轻放。 （10）敷设后，检查电缆密封端头、电缆外护套是否损伤，试验是否合格，有问题应及时处理。 （11）用记号笔在电缆两端做好路名标记。对于单芯电缆，将相色带缠绕在电缆两端的明显位置。 （12）将电缆保护管口封堵严实
5	电缆	隧道敷设	物体打击、机械伤害	低	（1）敷设前搭建放线架，将电缆平滑引至工井内，在放线架上放置电缆输送机辅助牵引。

续表

序号	设备	工作内容	风险类型	风险等级	风险防范措施
5	电缆	隧道敷设	物体打击、机械伤害	低	（2）根据施工方案布置卷扬机、电缆输送机、电动导轮和滑轮。 （3）在隧道竖井内架设电缆输送机防止电缆在自重下过快滑落，并在转弯处加设专用的拐弯滑轮。 （4）隧道内每隔10m架设电动导轮。 （5）全部机具布置完毕后，试运行应无问题。 （6）敷设应注意保持通信畅通，在电缆盘、牵引端、转弯处、竖井、隧道进出口、终端、放缆机及控制箱等地方设置通信工具。 （7）电缆盘处由1至2名有经验人员负责施工，检查外观有无破损，并协助牵引人员把电缆终端顺利送到井口处。 （8）电缆允许的最大牵引力按照铜芯电缆为70N/mm^{2}铝芯电缆为40N/mm^{2}来考虑；若利用钢丝网套牵引时，铅护套电缆允许的最大牵引力为10N/mm^2，铝护套电缆为40N/mm^2，塑料护套为7N/mm^2。 （9）转弯处的侧压力应符合制造厂的规定，无规定时在圆弧形滑板上不应小于3kN/m，在电缆路径弯曲部Ⅵ有滚轮时，电缆在每只滚轮上所受的侧压力对无金属护套的挤包绝缘电缆为1kN，对波纹铝护套电缆为2kN，铅护套电缆为0.5kN。 （10）电缆的弯曲半径一般要满足有关规定和设计要求。 （11）电缆敷设的速度要求6m/min。 （12）敷设过程中，应设专人监护，局部电缆出现裕度过大情况，应立即停车处理后方可继续敷设，防止电缆弯曲半径过小或撞坏电缆。敷设过程中若发现其他问题，应立即停止敷设，及时处理问题。 （13）电缆就位应轻放，严禁磕碰支架端部和其他尖锐硬物。

◆ 电力电缆

续表

序号	设备	工作内容	风险类型	风险等级	风险防范措施
5	电缆	隧道敷设	物体打击、机械伤害	低	（14）电缆蛇形打弯，蛇形的波节、波幅应符合设计要求。 （15）每条电缆标识路名，并将相色带缠绕在电缆两端的明显位置。 （16）敷设后，检查电缆密封端头、电缆外护套是否损伤，试验是否合格，有问题应及时处理
6	电缆	电缆固定	机械伤害	低	（1）电缆终端以下1m处应用抱箍固定，固定电缆要牢固，抱箍尽量和电缆垂直。 （2）电缆在工井中用吊攀悬吊并留有伸缩弧，工井、电缆沟内每隔1~1.5m安装支架，用尼龙扎带或电缆夹具固定。 （3）在电缆隧道及电缆沟、竖井敷设中，电缆敷设完毕后，应按设计要求将电缆固定在支架上。 （4）电缆固定材料一般有电缆固定金具、电缆抱箍、皮、防盗螺栓、尼龙绳等。 （5）按设计要求调整电缆的波幅，进行挠性固定的波峰、波谷及波形间距应符合设计规定，波幅误差+10mm。 （6）电缆悬吊固定按设计要求执行，电缆引上固定安装设计要求执行，固定完成后，外护套试验通过后，安装防盗螺母
7	电缆	上下电缆通道	机械伤害、物体打击、高处坠落	中	（1）填写"安全施工作业票A"。 （2）打开井口应设置围栏，围栏应用4块围好或固定好圆形围栏。 （3）井口应设专人看护，看护人不得离岗。 （4）上下井扶好抓牢，井下应设置梯子。 （5）上下传递工器具系牢稳，上下呼应好不要听响探身，防止砸伤。 （6）井口下运行电缆及电力设备应有防止砸伤的保护措施。 （7）上下运送重量较大的工器具时，应有专人负责和指挥。

续表

序号	设备	工作内容	风险类型	风险等级	风险防范措施
7	电缆	上下电缆通道	机械伤害、物体打击、高处坠落	中	（8）上下井需踩稳、抓牢，不要跳下，防止摔伤。 （9）递东西用小绳拴牢，下方要有人接应等。 （10）工作完毕后盖好井盖
8	电缆	有限空间作业	中毒窒息	低	（1）填写"安全施工作业票A"。 （2）进入有限空间作业前，必须申请办理好进出申请单。 （3）进入前，先排风后检测。气体检测工作应实时进行。 （4）有限空间监护人应持证上岗并佩戴袖标，有限空间监护应在有限空间外持续监护。 （5）有限空间施工应打开两处井口，井口设专人看护，二级及以上环境，应强制通风。 （6）井口围栏上应挂有限空间警示牌和信息牌。 （7）工作人员应携带有限空间作业工作证。 （8）如气体检测不合格，达到二级及以上环境指标时，作业人员必须马上撤出。 （9）有限空间工作完毕撤出时，应清点人数。 （10）作业人员必须正确佩戴和使用劳动防护用品，与外部有可靠的通信联络；监护人不得离开作业现场，并与作业人员保持联系
9	电缆	动火作业	燃爆	低	（1）填写"安全施工作业票A"。 （2）动火工作按规定填写动火等级工作票。 （3）作业前清理易燃物。 （4）每组接头必须配备的灭火器不少于2个；并设专人监护。 （5）搪铅时用石棉布将运行电缆保护好。 （6）使用煤气罐前，要先检查煤气罐不得漏气，合格后方可使用，完工后必须将煤气罐及易燃易爆物品带离现场。 （7）工作结束后，应专人检查不得留下火种，防止火灾发生。 （8）进入施工现场内的工作人员严禁吸烟。

◆ 电力电缆

续表

序号	设备	工作内容	风险类型	风险等级	风险防范措施
9	电缆	动火作业	燃爆	低	(9) 动火作业应设监护人,配备灭火装置;作业时,禁止无关人员进入动火现场。在甲类禁火区进行动火作业,项目负责人要按规定提前通知专业消防人员到现场协助监护
10	电缆	占道施工	机械伤害、物体打击、高处坠落	中	(1) 填写"安全施工作业票A"。 (2) 道路上施工注意来往车辆,派专人指挥交通。指挥人员应穿反光标志服。 (3) 设道路施工警示牌、告示牌、防撞桶,防撞桶应放在离施工区域30m以外。 (4) 施工区域用安全警示带、警示锥筒进行围挡。 (5) 夜间施工安装红色闪光警示灯、导向灯、箭头指示灯。施工区域用安全警示带、带红色闪光灯的警示锥筒进行围挡。 (6) 夜间施工道路上的作业人员应穿反光标志服。 (7) 现场负责交通人员佩戴袖标。 (8) 井口设置围栏,夜间安装红色闪光警示灯。 (9) 当日完工,专人检查是否盖好井盖
11	电缆	运行设备区电缆工作	高空坠落、机械伤害、触电	中	(1) 填写"安全施工作业票A"。 (2) 与值班人员签订工作票后,认真听值班人员交代工作范围和带电部位及注意事项。得到工作许可后方可开始工作。 (3) 工作前认真核对路名开关号,在指定地点工作,严禁超范围工作及走动,严禁乱动无关设备,设专人监护。 (4) 严格按安全规定要求保持与带电部位的安全距离。 (5) 未经值班人员许可,严禁动用站内设备及工器具。

续表

序号	设备	工作内容	风险类型	风险等级	风险防范措施
11	电缆	运行设备区电缆工作	高空坠落、机械伤害、触电	中	（6）未经值班人员许可，严禁移动安全遮栏、围栏、警示牌等安全用具。 （7）在运行设备区域内工作，严禁跨越、移动安全遮挡。 （8）在运行设备区域内工作的电缆材料、工具、施工垃圾等易飘洒的物品，必须严格管理回收或固定。 （9）施工时对运行设备区域内的所有设施加强保护。 （10）在运行设备区域内工作必须设专人监护，监护人严禁离开监护岗位。 （11）接用施工临时电源，应事先征得站内值班人员的许可，从指定电源屏（箱）接出，不得乱拉乱接。 （12）运行设备区域的施工临时电源禁止架空敷设，应采用电缆敷设或固定措施
12	电缆	电缆切改	物体打击、燃爆、触电	中	（1）填写"安全施工作业票B"，作业前通知监理旁站。 （2）工作前应核对路名开关号，确认其准确无误。 （3）严格执行安全规程有关停电工作安全技术措施，停电、验电、挂接地线应设专人监护。 （4）安全工具使用前必须进行检查。严格核实电压等级。 （5）地线接地要牢固，严格按程序挂拆地线，挂地线时人体严禁与地线接触。 （6）接到工作许可后，应检查线路两端开关是否断开，接地刀闸是否合上或接地线已封挂好。 （7）电缆切改，必须进行放信号核实工作，确认切改电缆必须使用安全刺锥，确认后方可断开电缆。 （8）判断停电电缆要2人以上，安全刺锥要保证接地良好。

续表

序号	设备	工作内容	风险类型	风险等级	风险防范措施
12	电缆	电缆切改	物体打击、燃爆、触电	中	（9）工作中要注意其他运行电缆及设备，必要时采取保护措施
13	电缆	电缆压接	物体打击	低	（1）填写"安全施工作业票A"。 （2）使用压接工具前，应检查压接工具型号、模具是否符合所压接工作等级要求。 （3）压接时，人员要注意头部远离压接点，距离应该在30cm以外。 （4）装卸压接工具时，应防止砸碰伤手脚
14	电缆	电缆核相	高空坠落、机械伤害、触电	中	（1）填写"安全施工作业票A"。 （2）发电、核相前认真核对路名开关号，检查电缆线路应无人工作，检查相位是否正确。 （3）用相对应电压等级的摇表对电缆进行绝缘摇测，检查电缆线路无问题。 （4）检查自挂地线是否全部拆除，此项工作专人负责。 （5）全部工作结束后，应告知工作许可人。 （6）核相工作前，认真检查核相器接线是否正确，操作人员要精神集中，听从读表人指挥。此项工作必须4人进行，2个人持核相杆，1人读表1人监护。 （7）持杆人员要经过安全培训，持杆要稳，注意对地距离，直向持杆，严禁横向移动。 （8）在指定区域内工作，严禁超范围工作，施工人员严禁动与工作无关的设备。 （9）核相工作完毕，要认真检查现场，恢复开关柜和现场状态
15	电缆	电缆试验	高空坠落、机械伤害、触电、绝缘击穿	高	（1）填写"安全施工作业票B"，作业前通知监理旁站。 （2）进入施工现场应正确戴安全帽，正确使用安全防护用具，在2m以上高处作业时应系好安全带，使用有防滑的梯子，并设专人监护。 （3）调试过程试验电源应从试验电源屏或检

第三章 作业安全风险辨识评估与控制

续表

序号	设备	工作内容	风险类型	风险等级	风险防范措施
15	电缆	电缆试验	高空坠落、机械伤害、触电、绝缘击穿	高	修电源箱取得，严禁使用破损不安全的电源线，用电设备与电源点距离超过3m的，必须使用带熔断器和漏电保护器的移动式电源盘，试验设备和电缆外皮应可靠接地，设备通电过程中，试验人员不得中途离开。工作结束后应及时将试验电源断开。 （4）电缆耐压前，加压端应做好安全措施，防止人员误入试验场所。另一端应设置围栏并挂上警告标示牌。如另一端是上杆的或是锯断电缆处，应派人看守。 （5）电缆试验前，应先对设备充分放电。 （6）电缆的试验过程中，更换试验引线时，应先对设备充分放电，作业人员应戴好绝缘手套。 （7）试验电缆时，施工人员严禁在电缆线路上做任何工作，防止感应电伤人。 （8）电缆耐压试验分相进行时，另两相电缆应接地。 （9）电缆试验结束，应对被试电缆进行充分放电，并在被试电缆上加装临时接地线，待电缆尾线接通后才可拆除
16	电缆	带电断空载电缆线路与架空线路连接引线	触电、电弧伤害、高处坠落、机械伤害、物体打击	高	（1）填写"配电带电作业工作票"。 （2）作业时，要确保人体、带电体与接地体及邻相带电体的安全距离。绝缘斗臂车应可靠接地。 （3）作业时，严禁人体同时接触两个不同电位。严禁同时触及不同电位的两个导体。 （4）绝缘臂的金属部分与带电体间的安全距离不得小于0.9m，绝缘遮蔽范围应超出作业人员活动范围0.4米以上。 （5）斗内电工进入有电区域后，测量电缆引线空载电流确认应不大于5A。当空载电流大于0.1A小于5A时，应用消弧开关断架空线路与空载电缆线路引线。 （6）使用消弧开关前应确认消弧开关在断开

◆ 电力电缆

续表

序号	设备	工作内容	风险类型	风险等级	风险防范措施
16	电缆	带电断空载电缆线路与架空线路连接引线	触电、电弧伤害、高处坠落、机械伤害、物体打击	高	位置并闭锁，防止其突然合闸。消弧开关的状态，应通过其操动机构位置以及用电流检测仪测量电流的方式综合判断。 （7）作业前应先对消弧开关及作业所需工器具进行检查性试验，试验合格后方可使用
17	电缆	带电接空载电缆线路与架空线路连接引线	触电、电弧伤害、高处坠落、机械伤害、物体打击	高	（1）填写"配电带电作业工作票"。 （2）作业时，要确保人体、带电体与接地体及邻相带电体的安全距离。绝缘斗臂车应可靠接地。 （3）作业时，严禁人体同时接触两个不同电位。严禁同时触及不同电位的两个导体。 （4）绝缘臂的金属部分与带电体间的安全距离不得小于0.9m（10kV）、1.0m（20kV）。绝缘遮蔽、隔离措施的范围应超出作业人员活动范围0.4m以上。 （5）作业前应先对消弧开关及作业所需工器具进行检查性试验，试验合格后方可使用。 （6）斗内电工对电缆引线验电后，应使用绝缘电阻检测仪检查电缆是否空载且无接地，使用消弧开关前应确认消弧开关在断开位置并闭锁，防止其突然合闸。 （7）消弧开关的状态，应通过其操动机构位置以及用电流检测仪测量电流的方式综合判断。在消弧开关和电缆终端安装绝缘引流线，应先接无电端、再接有电端
18	电缆	（综合不停电作业法）旁路作业检修电缆线路	触电、电弧伤害、高处坠落、机械伤害、物体打击	高	（1）填写"配电带电作业工作票"。 （2）作业时，要确保人体、带电体与接地体及邻相带电体的安全距离。绝缘斗臂车应可靠接地，车辆支腿应支撑牢固到位。 （3）作业时，严禁人体同时接触两个不同电位。 （4）严禁同时触及不同电位的两个导体。 （5）绝缘臂的金属部分与带电体间的安全距离不得小于0.9m（10kV）、1.0m（20kV）。 （6）绝缘遮蔽、隔离措施的范围应超出作业人员活动范围0.4m以上。

续表

序号	设备	工作内容	风险类型	风险等级	风险防范措施
18	电缆	（综合不停电作业法）旁路作业检修电缆线路	触电、电弧伤害、高处坠落、机械伤害、物体打击	高	（7）旁路开关引线与电缆线路连接前，应确认旁路开关在断开位置。 （8）旁路柔性电缆运行期间，应派专人看守、巡视，防止外人碰触。防止重型车辆碾压。 （9）旁路电缆按相序在毡布上排列整齐，不得相互交叉、扭曲，有打弯现象。 （10）连接旁路电缆前，应认真核对相序，确认相序连接正确。旁路开关引线与环网柜（分支箱）备用间隔连接前，应确认旁路开关在断开位置。 （11）沿旁路电缆的展放区域在地面安放电缆保护毡布。 （12）合旁路开关前应检查开关两侧相序，相序正确后方可进行合开关的操作。核相时应戴绝缘手套。 （13）拉合开关前后应使用绝缘电流表对待检修电缆及柔性电缆进行测流，确保分流正常。 （14）拉合开关时应戴绝缘手套、穿绝缘靴，站在绝缘垫上使用绝缘操作杆进行操作。 （15）作业前应先对旁路柔性电缆进行绝缘电阻试验及通路试验，试验合格后方可使用。 （16）两侧的旁路电缆拆除后，应及时使用放电棒对旁路电缆对地进行放电

注：本库中如有未涵盖的工作内容，各单位根据现场作业实际情况开展相应的风险防控工作。

表3-4 典型作业风险库——低压电缆检修关键工序风险库

序号	设备	工作内容	风险类型	风险等级	风险防范措施
1	低压电缆	砍剪树竹、杆塔底部及基础等地面检测、消缺工作，涂写、安装标识牌，低压电缆线路巡视，工作地点在杆塔最下层导线以下，且安全距离满足安规要求	触电、物体打击、高空坠落	低	（1）充分熟悉掌握对各类带电体的安全距离，以及与带电体的绝缘安全防护措施。 （2）测量工作，至少应2人进行，一人操作一人监护，夜间作业必须有足够的照明。

73

◆ 电力电缆

续表

序号	设备	工作内容	风险类型	风险等级	风险防范措施
1	低压电缆	砍剪树竹、杆塔底部及基础等地面检测、消缺工作，涂写、安装标识牌，低压电缆线路巡视，工作地点在杆塔最下层导线以下，且安全距离满足安规要求	触电、物体打击、高空坠落	低	（3）砍伐靠近带电线路的树木时，工作负责人必须在工作开始前向全体工作班成员讲明带电部位及应保持的安全距离，并注意树木倒伏的方向。 （4）电缆隧道、偏僻山区、夜间、事故或恶劣天气等巡视工作，应至少2人一组进行。 （5）正常巡视应穿绝缘鞋；雨雪、大风天气或事故巡线，巡视人员应穿绝缘靴或绝缘鞋；汛期、暑天、雪天等恶劣天气和山区巡线应配备必要的防护用具、自救器具和药品；夜间巡线应携带足够的照明用具。 （6）大风天气巡线，应沿线路上风侧前进，以免触及断落的导线。事故巡视应始终认为线路带电，保持安全距离。夜间巡线，应沿线路外侧进行。巡线时禁止涉渡。 （7）雷电时，禁止巡线。 （8）地震、台风、洪水、泥石流等灾害发生时，禁止巡视灾害现场。灾害发生后，若需对配电线路、设备进行巡视，应得到设备运维管理单位批准。巡视人员与派出部门之间应保持通信联络。 （9）禁止触碰裸露带电部位。 （10）工作前，应核对电力电缆标志牌的名称与工作票所填写的相符以及安全措施正确可靠。 （11）电力电缆的标志牌应与电网系统图、电缆走向图和电缆资料的名称一致。

续表

序号	设备	工作内容	风险类型	风险等级	风险防范措施
1	低压电缆	砍剪树竹、杆塔底部及基础等地面检测、消缺工作,涂写、安装标识牌,低压电缆线路巡视,工作地点在杆塔最下层导线以下,且安全距离满足安规要求	触电、物体打击、高空坠落	低	(12)电缆隧道应有充足的照明,并有防火、防水及通风措施。 (13)梯子应坚固完整,有防滑措施;梯子不宜绑接使用;人字梯应有限制开度的措施;人在梯子上时,禁止移动梯子
2	电缆沟道、井及柜基础	电缆沟道、井及柜基础开挖及在重要地下管线附近采用开挖、拉管、顶管等方式进行的管道建设	机械伤害、物体打击、中毒窒息、高处坠物	中	(1)电缆直埋敷设施工前,应先查清图纸,再开挖足够数量的样洞(沟),摸清地下管线分布情况,以确定电缆敷设位置,确保不损伤运行电缆和其他地下管线设施。 (2)掘路施工应做好防止交通事故的安全措施。施工区域应用标准路栏等分隔,并有明显标记,夜间施工人员应佩戴反光标志,施工地点应加挂警示灯。 (3)为防止损伤运行电缆或其他地下管线设施,在城市道路红线范围内不宜使用大型机械开挖沟(槽),硬路面面层破碎可使用小型机械设备,但应加强监护,不得深入土层。 (4)沟(槽)开挖深度达到1.5m及以上时,应采取措施防止土层塌方。 (5)沟(槽)开挖时,应将路面铺设材料和泥土分别堆置,堆置处和沟(槽)之间应保留通道供施工人员正常行走。在堆置物堆起的斜坡上不得放置工具、材料等器物。 (6)在下水道、煤气管线、潮

续表

序号	设备	工作内容	风险类型	风险等级	风险防范措施
2	电缆沟道、井及柜基础	电缆沟道、井及柜基础开挖及在重要地下管线附近采用开挖、拉管、顶管等方式进行的管道建设	机械伤害、物体打击、中毒窒息、高处坠物	中	湿地、垃圾堆或有腐质物等附近挖沟（槽）时，应设监护人。在挖深超过2m的沟（槽）内工作时，应采取安全措施，如戴防毒面具、向沟（槽）送风和持续检测等。监护人应密切注意挖沟（槽）人员，防止煤气、硫化氢等有毒气体中毒及沼气等可燃气体爆炸。 （7）挖到电缆保护板后，应由有经验的人员在场指导，方可继续进行作业。 （8）挖掘出的电缆或接头盒，若下方需要挖空时，应采取悬吊保护措施。 （9）非开挖施工的安全措施。采用非开挖技术施工前，应先探明地下各种管线设施的相对位置；非开挖的通道，应与地下各种管线设施保持足够的安全距离；通道形成的同时，应及时对施工区域实施灌浆等措施，防止路基沉降
3	低压电缆类	进入井、箱、柜、隧道、电缆夹层内等有限空间且无邻近带电体进行作业	触电、物体打击、高处坠落	中	（1）工作前，工作负责人应对工作班成员进行详细的安全交底，对工作班成员进行工作任务、安全措施交底和危险点告知，并确认每名工作班成员都已签名。 （2）在低压用电设备上停电工作前，应断开电源、取下熔丝，加锁或悬挂标示牌，确保不误合。 （3）在低压用电设备上停电工作前，应验明确无电压，方可工作。 （4）进入有限空间前，应检测

第三章　作业安全风险辨识评估与控制

续表

序号	设备	工作内容	风险类型	风险等级	风险防范措施
3	低压电缆类	进入井、箱、柜、隧道、电缆夹层内等有限空间且无邻近带电体进行作业	触电、物体打击、高处坠落	中	有限空间空气中有害气体含量，做好通风措施，并设置空气质量监测装置，跟踪空气含量变化情况
4	低压电缆类	进入井、箱、柜、隧道、电缆夹层内等有限空间且邻近带电体进行作业	高处坠落、机械伤害、中毒窒息、触电	中	（1）工作前，工作负责人应对工作班成员进行详细的安全交底，对工作班成员进行工作任务、安全措施交底和危险点告知，并确认每名工作班成员都已签名。（2）在低压用电设备上停电工作前，应断开电源、取下熔丝，加锁或悬挂标示牌，确保不误合。（3）在低压用电设备上停电工作前，应验明确无电压，方可工作。（4）进入有限空间前，应检测有限空间空气中有害气体含量，做好通风措施，并设置空气质量监测装置，跟踪空气含量变化情况。（5）临近带电体时，应采取停电、绝缘隔离等措施，并保持足够的安全距离。（6）作业人员必须正确佩戴或使用劳动防护用品，与外部有可靠的通信联络；监护人不得离开作业现场，并与作业人员保持联系
5	低压电缆本体	无邻近带电体的电缆更换、敷设、检修、开断、抽出试验	高处坠落、物体打击、触电	中	（1）工作前，工作负责人应对工作班成员进行详细的安全交底，对工作班成员进行工作任务、安全措施交底和危险点告知，并确认每名工作班成员都已签名。（2）工作时，至少2人一组，1人操作，1人监护。

77

续表

序号	设备	工作内容	风险类型	风险等级	风险防范措施
5	低压电缆本体	无邻近带电体的电缆更换、敷设、检修、开断、抽出试验	高处坠落、物体打击、触电	中	（3）开断电缆前，应与电缆走向图核对且相符，并使用仪器确认电缆无电压后，用接地的带绝缘柄的铁钎钉入电缆芯后，方可工作。扶绝缘柄的人应戴绝缘手套并站在绝缘垫上，并采取防灼伤措施。使用远控电缆割刀开断电缆时，刀头应可靠接地，周边其他施工人员应临时撤离，远控操作人员应与刀头保持足够的安全距离，防止弧光和跨步电压伤人
6	低压电缆本体	邻近带电体的电缆更换、敷设、检修、开断、抽出试验	高处坠落、误操作、触电	高	（1）工作前，工作负责人应对工作班成员进行详细的安全交底，对工作班成员进行工作任务、安全措施交底和危险点告知，并确认每名工作班成员都已签名。（2）工作时，至少2人一组，1人操作，1人监护。（3）开断电缆前，应与电缆走向图核对且相符，并使用仪器确认电缆无电压后，用接地的带绝缘柄的铁钎钉入电缆芯后，方可工作。扶绝缘柄的人应戴绝缘手套并站在绝缘垫上，并采取防灼伤措施。使用远控电缆割刀开断电缆时，刀头应可靠接地，周边其他施工人员应临时撤离，远控操作人员应与刀头保持足够的安全距离，防止弧光和跨步电压伤人。（4）临近带电体时，应采取停电、绝缘隔离等措施，并保持足够的安全距离

续表

序号	设备	工作内容	风险类型	风险等级	风险防范措施
7	低压电缆终端及低压电缆中间接头	低压电缆终端及低压电缆中间接头制作	机械伤害、物体打击、中毒窒息、触电	中	使用携带型火炉或喷灯作业的安全措施。火焰与带电部分的安全距离：电压在10kV及以下者，应大于1.5m；电压在10kV以上者，应大于3m；不得在带电导线、带电设备、变压器、油断路器（开关）附近以及在电缆夹层、隧道、沟洞内对火炉或喷灯加油、点火；在电缆沟盖板上或旁边动火工作时应采取防火措施；制作环氧树脂电缆头和调配环氧树脂过程中，应采取防毒、防火措施；电缆施工作业完成后应封堵穿越过的孔洞，剥电缆绝缘外层时，要戴手套，手拿电缆位置必须在刀具的前方，谨防手部划、割伤，同时避免被他人伤害
8	低压电缆类	低压电力电缆试验	机械伤害、触电	中	（1）电缆耐压试验前，应先对被试电缆充分放电。加压端应采取措施防止人员误入试验场所；另一端应设置遮栏（围栏）并悬挂警告标示牌。若另一端是上杆的或是开断电缆处，应派人看守。 （2）电缆试验需拆除接地线时，应在征得工作许可人的许可后（根据调控人员指令装设的接地线，应征得调控人员的许可）方可进行。工作完毕后应立即恢复。 （3）电缆试验过程中需更换试验引线时，作业人员应先戴好绝缘手套，对被试电缆充分放电。 （4）电缆耐压试验分相进行时，另两相电缆应可靠接地。

续表

序号	设备	工作内容	风险类型	风险等级	风险防范措施
8	低压电缆类	低压电力电缆试验	机械伤害、触电	中	（5）电缆试验结束，应对被试电缆充分放电，并在被试电缆上加装临时接地线，待电缆终端引出线接通后方可拆除。 （6）电缆故障声测定点时，禁止直接用手触摸电缆外皮或冒烟小洞
9	电缆	带电断低压空载电缆引线	触电、电弧伤害、高处坠落、机械伤害、物体打击	中	（1）填用"低压工作票"。 （2）作业时，要确保人体、带电体与接地体及邻相带电体的安全距离。作业人员应正确戴护目镜、穿防电弧服、戴防电弧手套等个人防护用具。 （3）作业时，严禁人体同时接触两个不同电位。 （4）严禁同时触及不同电位的两个导体。 （5）绝缘遮蔽应完整，遮蔽重合长度不小于5cm。 （6）断开空载电缆引线时，应按照"先相线，后零线"的顺序依次断开电缆引线。 （7）作业前，应先对消弧开关及作业所需工器具进行检查性试验，试验合格后方可使用
10	电缆	带电接低压空载电缆引线	触电、电弧伤害、高处坠落、机械伤害、物体打击	中	（1）填用"低压工作票"。 （2）作业时，要确保人体、带电体与接地体及邻相带电体的安全距离。作业人员应正确戴护目镜、穿防电弧服、戴防电弧手套等个人防护用具。 （3）作业时，严禁人体同时接触两个不同电位。 （4）严禁同时触及不同电位的两个导体。

续表

序号	设备	工作内容	风险类型	风险等级	风险防范措施
10	电缆	带电接低压空载电缆引线	触电、电弧伤害、高处坠落、机械伤害、物体打击	中	（5）绝缘遮蔽应完整，遮蔽重合长度不小于5cm。 （6）断开空载电缆引线时，应按照"先相线，后零线"的顺序依次断开电缆引线。 （7）作业前应先对消弧开关及作业所需工器具进行检查性试验，试验合格后方可使用

注：本库中如有未涵盖的工作内容，各单位根据现场作业实际情况开展相应的风险防控工作。

3. 提级管控

各单位可结合实际情况，对认为有必要的检修作业或工序进行提级管控。同类作业对应的故障抢修，其风险等级应提级。

二、作业模式转变

深化各类技术手段在检修作业中的应用，合理配置人力和装备资源，推动"人工为主"向"人少作业"的转变，实现作业风险降级，切实提高现场检修作业的安全和质效。

切实提高机械化施工程度。

（1）基础施工机械化：在地形条件允许的情况下，基础原则上应使用挖机或钻机开挖，尤其是深基坑基础，应尽量避免人工开挖。

（2）电缆敷设机械化：在地形条件允许情况下，尽量避免人工敷设。

三、检修计划管理

按照"综合平衡、一停多用"原则，统筹组织检修计划编制上报，严格执行计划审批备案，强化计划刚性执行，切实减少重复停电，降低操作风险。

1. 停电计划制定

（1）220kV及以上的检修（抢修）计划由超高压公司、地市级单位设备管理部门组织编制，省公司设备部审核、批复。

（2）110kV及以下检修（抢修）计划由检修工区、县级公司（以下简称设备运维单位）组织编制，地市级单位设备管理部门审核、批复。

2. 检修计划备案

（1）下年度停电计划发布后，省公司设备部在12月31日前将下年度500kV及以上线路Ⅰ级作业风险检修统计表报送国网设备部备案，市公司设备管理部门将所有Ⅰ级作业风险检修和500kV及以上线路Ⅱ级作业风险检修计划统计表（模板见表3-5）报送省公司设备部备案。

表3-5 检修计划统计表（模板）

报送单位：

序号	省公司	运维单位	项目名称	设备名称	电压等级	检修内容	停电计划时间	设备类别	作业风险分级	备注

（2）下月度停电计划确定后，省公司设备部在每月20日前将下月500kV及以上线路Ⅰ级作业风险检修计划统计表报送国网设备部备案，并抄送中国电科院输电技术中心。市公司设备管理部门将所有Ⅰ级作业风险检修和500kV及以上线路Ⅱ级作业风险检修计划统计表报送省公司设备部备案。

（3）检修计划下达后，原则上不得调整。若气象、水文、地质、疫情等特殊原因导致检修计划出现重大变更时，应逐层逐级汇报办理变更手续，并重新确定检修风险等级。

四、现场勘察组织

严格细致开展现场勘察，全面掌握检修设备状态、现场环境和作业需求，提前辨识现场风险，切实提高项目立项、计划申报和检修方案编制的精准性。

1. 勘察原则

Ⅲ级及以上作业风险检修工作前必须开展现场勘察，Ⅳ级、Ⅴ级作业风险检修工作根据作业内容必要时开展现场勘察。对于作业环境复杂、高风险工序多的检修，还应在项目立项、计划申报前开展一次前期勘察。

停电计划变更、设备突发故障或缺陷等原因导致停电区域、作业内容、作业环境发生变化时，根据实际情况重新组织现场勘察。

2. 勘察人员

Ⅰ级作业风险检修现场勘察由市公司设备管理部门监督开展、工作票签发人或工作负责人实施，Ⅱ级作业风险检修现场勘察由设备运维单位监督开展、工作票签发人或工作负责人实施，Ⅲ级~Ⅴ级作业风险检修由工作票签发人或工作负责人组织开展、实施。施工单位、设备厂家、设计单位（如有）、省电科院（必要时）参与。

3. 勘察内容

现场勘察时，应仔细核对检修设备台账，核查设备运行状况及存在缺陷，梳理技改、大修、反措等任务要求，分析现场作业风险及预控措施，并对检修分级的准确性进行复核。涉及特种车辆作业时，还应明确车辆行车路线、作业位置、作业边界等。

4. 勘察记录

现场勘察完成后，应采用文字、图片或影像相结合的方式规范填写现场勘察记录（模板见表3-6），明确停电作业范围、与邻近带电设备的距离、危险点及预控措施等关键要素，作为检修方案编制的重要依据。

五、检修方案编审

分层分级组织检修方案编审，强化检修方案质量把关，确保方案覆盖全面、内容准确，切实指导现场检修作业的组织和实施。

1. 方案编制与审批

（1）500kV及以上线路Ⅰ级作业风险检修方案由市公司设备管理部门组织编制，检修项目实施前15日完成。由省公司设备部负责组织审查，并将特高压线路检修方案报国网设备部备案。

（2）Ⅱ级作业风险检修和220kV及以下Ⅰ级作业风险检修方案由市公司设备管理部门组织编制和审查，检修项目实施前7日完成。Ⅰ级作业风险报省公司设备部备案。

（3）人身安全风险较高的Ⅲ级～Ⅴ级风险作业检修方案由设备运维单位组织编审批，检修项目实施前3日完成，市公司设备管理部门备案。

表3-6 现场勘察记录（模板）

现 场 勘 察 记 录
勘察单位：_____ 编号：_____
勘察负责人：_____ 勘察人员：_____
一、勘察线路的双重名称（或其他设备名称）：_____
二、工作任务：_____
三、勘察内容：
1. 需要停电的范围：
2. 保留的带电部位：
3. 作业现场的条件、环境及其他危险点：
4. 应采取的安全措施：
5. 附图与说明：
记录人：_____   勘察日期：_____

2. 方案内容与要求

（1）Ⅱ级及以上作业风险检修应包括编制依据、工作内容、组织措施、安全措施、技术措施、物资供应保障措施、进度控制保障措施、检修验收要求等内容。必要时针对重点作业内容编制专项方案，作为附件与检修方案一起审批。

（2）Ⅲ级~Ⅴ级作业风险检修方案应包括项目内容、人员分工、停电范围、备品、备件及工机具等内容。

（3）检修内容变化时，应结合实际内容补充完善检修方案，并履行审批流程。检修风险升级时，应按照新的检修分级履行方案的编审批流程。

六、到岗到位要求

（1）500kV及以上线路Ⅰ级作业风险检修：市公司分管领导或专业管理部门负责人应到岗到位，省公司设备部相关人员应到岗到位或组织专家组开展现场督察，国网公司设备部相关人员必要时应到岗到位或组织专家组开展现场督察。

（2）220kV及以下线路Ⅰ级作业风险检修：市公司分管领导或专业管理负责人应到岗到位，省公司设备部相关人员必要时应到岗到位或组织专家组开展现场督察。

（3）Ⅱ级作业风险检修：设备运维单位负责人或管理人员应到岗到位，地市级公司专业管理部门管理人员应到岗到位。

（4）Ⅲ级~Ⅳ级作业风险检修：设备运维单位组织人员到岗到位。

（5）紧急抢修恢复倒塔断线等突发情况时，到岗到位应提级管控。

到岗到位分级表见表3-7。

表3-7 到岗到位分级表

序号	检修分级 到岗到位人员	Ⅰ（500kV及以上）	Ⅰ（220kV及以下）	Ⅱ	Ⅲ	Ⅳ
1	省公司分管领导	/	/	/	/	/
2	省公司设备部负责人	/	/	/	/	/
3	省公司设备部输电处负责人	▲	/	/	/	/
4	省公司设备部输电处管理人员		△	/	/	/

续表

序号	检修分级 到岗到位人员	Ⅰ（500kV 及以上）	Ⅰ（220kV 及以下）	Ⅱ	Ⅲ	Ⅳ
5	地市级公司负责人	/	/	/	/	/
6	地市级公司分管领导	▲	▲	/	/	/
7	地市级公司设备管理部门负责人	▲	▲	/	/	/
8	地市级公司设备管理部门管理人员	/	/	▲	△	△
9	县级公司负责人	/	/	/	△	△
10	县级公司管理人员	/	▲	▲	▲	△

注：▲为必须到岗到位，△为视实际情况到岗到位，跨多行的为至少其中一人到岗到位。

七、远程督查安排

依托省级、地市级输电集中监控中心分别实现500kV及以上和220（330）kV及以下检修现场远程监控，掌握检修计划实施进度。各级管理人员可依托监控中心远程开展现场作业督查，实现智能化安全管控。

八、现场实施管控

细致分析现场管控要点，提升现场管控质量，加强到岗到位监督，优化现场管控策略，切实保障现场作业安全、质量可控、在控。

1. 做好现场风险管控

（1）误登杆塔风险管控。召开班前会，详细告知作业人员当日作业范围（线路双重名称、杆号、位置、色标）；同塔双回（多回）线路单回停电检修时，管控人员应与施工人员同进同出，进入作业侧横担前应二次确认线路色标。

（2）高空坠落风险管控。正确使用合格的个人安全工具、后备保护绳及缓冲器等防护工具，后备保护绳超过3m时，应使用缓冲器。上、下杆塔应沿脚钉攀登，沿绝缘子串进出导线或在塔上转位移动过程中，人员不得失去保护。

（3）感应电伤人风险管控。确保工作接地线可靠接地，作业范围过大的应适当加挂接地线，工作时间超过1天的，应在每日开工前检查接地线是否挂设良好。临近带电体作业时，应正确使用个人保安接地线，必要时穿着屏蔽服工作。

（4）气体中毒风险管控。电缆密闭空间作业时应坚持"先检测，后进入"原则，工作前保证通风时间不少于30min，气体检测合格后方可进入。密闭空间内应足量配备通风、照明、通信、呼吸防护和应急救援等设备，并加强对设备的维护和保养。

（5）火灾风险管控。电缆接头两侧各3m和该范围内邻近并行交叉敷设的其他电缆，应采取阻燃包带、防火涂料等防火措施。动火工作前作业人员应做好防灼伤措施，燃气管应有金属编织护套。电缆通道内应足量配备各类消防设施，并加强对设备的维护和保养。

（6）物体打击风险管控。进入作业现场的人员均应正确戴安全帽，作业点下方坠落半径范围内不允许人员通过或逗留。

上下传递物件应使用绳索拴牢传递，严禁上下抛掷。塔上作业应使用工具袋，较大的工具应固定在牢固构件上。

（7）机械伤害风险管控。吊车、绞磨、牵张机等特种机械设备操作人员应持证上岗，并严格按照《安规》要求正确操作机械设备。现场各类机械设备应按要求定期维护、保养和试验，确保各项性能指标符合要求。

2. 优化风险管控策略

（1）日风险管控。根据检修实施进度，动态调整风险管控措施。Ⅰ级检修需执行日报（模板表3-8）机制，明确当日计划完成情况、存在问题和下一日工作计划，重点突出高风险工序及管控措施，涉及500kV及以上线路的每日19点前报送至国网设备部。

（2）标准化管控。作业现场应编制标准作业卡，明确作业项目、工序流程和量化工艺要求，重点突出风险点与防控措施，规范检修人员作业行为和作业步骤。检修人员应严格持卡标准作业，确保作业风险"应控必控"。

（3）人员管理。落实"双准入"要求，加强外包人员入场核查，严格执行外包作业"双勘察""双交底""双签发"。

合理配置工作班成员，确保人员技能水平和工作经验满足现场要求。针对两年以内的新员工，差异化分派工作任务，加强现场监护，确保人员行为可控、在控。

表 3-8　检修日报（模板）

×××检修日报

国网××公司设备部　　　　　××月××日　　　　　第××天

　　××××年××月××日17时——××××年××月××日17时

　　今日重点检修工作概括（如高抗三相静置），当前进度完成**%，整体进度可控（进度延后应备注原因）。

一、当日情况说明

（一）现场基本情况

1. 天气情况：（含7日内天气预报）

2. 人员机具投入情况：

（二）检修情况

1. 当日主要检修工作内容：（重点突出高风险工序及管控措施）

2. 当日检修计划执行情况：

（三）检修发现的问题

　　明确设备名称，清晰阐述问题及处理意见（如有，按要求填报；如没有，填报"无"）。

（四）需要协调问题

　　阐述需要总部协调的问题（如有，按要求填报；如没有，填报"无"）。

二、缺陷和隐患处理情况

（一）计划缺陷和隐患处理情况

序号	设备名称	一般缺陷（条）			严重缺陷（条）			危急缺陷（条）		
		现有	消除	遗留	现有	消除	遗留	现有	消除	遗留
1										

（二）检修期间发现的缺陷和隐患治理情况

序号	设备名称	一般缺陷（条）			严重缺陷（条）			危急缺陷（条）		
		现有	消除	遗留	现有	消除	遗留	现有	消除	遗留
1										

（三）严重及以上缺陷明细

序号	缺陷类型	缺陷部位	缺陷内容	处理情况
1				

第三章　作业安全风险辨识评估与控制

续表

三、技改大修等工作进展情况
四、存在的问题和采取的措施
五、明日检修计划（重点突出高风险工序及管控措施）

（4）运维保障。严格落实检修期间"电网运行风险预警通知单"相关运维保障措施要求，加强在运重要输电通道和城市高压电缆特巡特护，必要时安排人员现场值守，并做好应急抢修准备。

九、检修验收管理

作业完成后，由所属运维单位组织开展验收，严格执行验收申请和"三级自检"工作要求。

（1）现场作业完工，工作负责人、现场监理、项目经理分别完成自检验收，具备竣工验收条件后，由项目经理或工作负责人向运维单位申请验收。

（2）运维单位根据公司相关验收工作规范要求，在规定时间内完成验收工作，并向项目经理或工作负责人反馈缺陷情况和验收结果。

（3）重大检修或特殊情况应增加随工验收，把好关键施工工序质量关，确保作业安全按期完成。

（4）重大问题隐患由方案计划审批单位负责协调解决。

十、总结与考核

各级设备管理部门组织所辖范围内运维单位开展检修总结，定期抽查现场检修工作中各项管理要求的落实情况，并开展考核评价。

1. 总结报告

（1）Ⅰ级作业风险检修总结报告由省公司设备部组织市公司编制，检修项目竣工后 7 日内完成并上报省公司备案，涉及 500kV 及以上线路的，15 日内报送国网设备部备案。

（2）Ⅱ级作业风险检修总结报告由市公司设备管理部门组织设备运维单位编制，检修项目竣工后 7 日内完成，涉及 500kV 及以上线路的 15 日内报送省公司设备部备案。

2. 定期抽查

（1）国网设备部定期抽查Ⅰ级作业风险检修管理要求落实情况，省公司设备部定期抽查Ⅰ级、Ⅱ级作业风险检修管理要求落实情况，市公司设备管理部门定期抽查Ⅰ级~Ⅳ级作业风险检修管理要求落实情况。

（2）定期抽查采用资料评审与现场检查相结合的方式，重点检查检修分级正确性、安全管控措施有效性及到岗到位执行等情况。抽查结果纳入年度绩效考核内容。

3. 评价考核

（1）对以下 4 种情况根据情节轻重考核扣分：

1）未按上述时间节点要求报送相关资料；

2）现场督导过程中被发现重大管理问题；

3）除恶劣天气等不可控因素外，检修现场延期；

4）修后一个基准周期内发生检修质量问题。

（2）对以下 3 种情况根据贡献大小考核加分：

1）抽调人员支撑国网公司Ⅰ级作业风险检修督导；

2）督导人员在检查现场发现重大管理问题；

3）隐患、缺陷材料被国网公司采纳作为专项治理。

第四章

隐患排查治理

第一节 概　　述

隐患排查治理应树立"隐患就是事故"的理念，坚持"谁主管、谁负责"和"全面排查、分级管理、闭环管控"的原则，逐级建立排查标准，实行分级管理，做到全过程闭环管控。

一、定义与分级分类

安全隐患，是指在生产经营活动中，违反国家和电力行业安全生产法律法规、规程标准以及公司安全生产规章制度，或因其他因素可能导致安全事故（事件）发生的物的不安全状态、人的不安全行为、场所的不安全因素和安全管理方面的缺失等。

1. 根据隐患的危害程度，隐患的分类

根据危害程度，隐患分为重大隐患、较大隐患、一般隐患三个等级。

（1）重大隐患主要包括可能导致以下后果的安全隐患：

1）一至三级人身事件；

2）一至四级电网、设备事件；

3）五级信息系统事件；

4）水电站大坝溃决、漫坝、水淹厂房事件；

5）较大及以上火灾事故；

6）违反国家、行业安全生产法律法规的管理问题。

（2）较大隐患主要包括可能导致以下后果的安全隐患：

1）四级人身事件；

2）五至六级电网、设备事件；

3）六至七级信息系统事件；

4）一般火灾事故；

5）其他对社会及公司造成较大影响的事件；

6）违反省级地方性安全生产法规和公司安全生产管理规定的管理问题。

（3）一般隐患主要包括可能导致以下后果的安全隐患：

1）五级及以下人身事件；

2）七至八级电网、设备事件；

3）八级信息系统事件；

4）违反省公司级单位安全生产管理规定的管理问题。

上述人身、电网、设备和信息系统事件，依据《国家电网有限公司安全事故调查规程》（国家电网安监〔2020〕820号）认定。火灾事故等依据国家有关规定认定。

2. 根据隐患产生原因和导致事故（事件）类型，隐患的分类

根据隐患产生原因和导致事故（事件）类型，隐患分为系统运行、设备设施、人身安全、网络安全、消防安全、水电及新能源、危险化学品、电化学储能、特种设备、通用航空、安全管理和其他十二类。

二、职责分工

（1）安全隐患所在单位是隐患排查、治理和防控的责任主体。各级单位主要负责人对本单位隐患排查治理工作负全面领导责任，分管负责人对分管业务范围内的隐患排查治理工作负直接领导责任。

（2）各级安全生产委员会（以下简称安委会）负责建立健全本单位隐患排查治理规章制度，组织实施隐患排查治理工作，协调解决隐患排查治理重大问题、重要事项，提供资源保障并监督治理措施落实。

（3）各级安委办负责隐患排查治理工作的综合协调和监督管理，组织安委会成员部门编制、修订隐患排查标准，对隐患排查治理工作进行监督检查和评价考核。

（4）各级安委会成员部门按照"管业务必须管安全"的原则，负责专业范

围内隐患排查治理工作。各级设备（运检）、调度、建设、营销、互联网、产业、水新、后勤等部门负责本专业隐患标准编制、排查组织、评估认定、治理实施和检查验收工作；各级发展、财务、物资等部门负责隐患治理所需的项目、资金和物资等投入保障。

（5）各级从业人员负责管辖范围内安全隐患的排查、登记、报告，按照职责分工实施防控治理。

（6）各级单位将生产经营项目或工程项目发包、场所出租的，应与承包、承租单位签订安全生产管理协议，并在协议中明确各方对安全隐患排查、治理和管控的管理职责；对承包、承租单位隐患排查治理进行统一协调和监督管理，定期进行检查，发现问题及时督促整改。

第二节　隐患标准及隐患排查

一、隐患标准

（1）公司总部以及省、市公司级单位应分级分类建立隐患排查标准，明确隐患排查内容、排查方法和判定依据，指导从业人员准确判定、及时整改安全隐患。

（2）隐患排查标准编制应围绕影响公司安全生产的高风险领域，依据安全生产法律法规和规章制度，结合事故（事件）暴露的典型问题，确保重点突出、内容具体、依据准确、责任明确。

（3）隐患排查标准编制应坚持"谁主管、谁编制""分级编制、逐级审查"的原则，各级安委办负责制定隐患排查标准编制规范，各级专业部门负责本专业排查标准编制。

1）公司总部组织编制重大隐患标准和较大隐患通用标准，并对省公司级单位较大隐患排查标准进行审查。

2）省公司级单位补充完善较大、一般隐患排查标准，并对地市公司级单位隐患排查标准进行审查。

3）地市公司级单位补充完善一般隐患排查标准，形成覆盖各专业、各等级的安全隐患排查标准体系。

（4）各专业隐患排查标准编制完成后，本单位安委办负责汇总、审查，经本单位安委会审议后发布。

（5）各级专业部门应将隐患排查标准纳入安全培训计划，及时组织培训，指导从业人员准确理解和执行隐患排查内容、排查方法，提高全员隐患排查发现能力。

（6）隐患排查标准实行动态管理，各级单位应每年对隐患排查标准的针对性、有效性进行评估，结合安全生产规章制度"立改废释"、事故（事件）暴露的问题滚动修订，每年3月底前更新发布。

二、隐患排查

（1）各级单位应在每年6月底前，对照隐患排查标准，组织开展一次涵盖安全生产各领域、各专业、各层级的隐患全面排查。各级专业部门应加强本专业隐患排查工作指导，对于专业性较强、复杂程度较高的隐患必要时组织专业技术人员或专家开展诊断分析。

（2）针对全面排查发现的安全隐患，隐患所在工区、班组应组织审查，依据隐患排查标准初步评估定级，利用公司安全隐患管理信息系统建立档案，形成本工区、本班组安全隐患清单，并汇总上报至相关专业部门。

（3）各相关专业部门对本专业安全隐患进行专业审查，评估认定隐患等级，形成本专业安全隐患清单。一般隐患由县公司级单位评估认定，较大隐患由市公司级单位评估认定，重大隐患由省公司级单位评估认定。

（4）各级安委办对各专业安全隐患清单进行汇总、复核，经本单位安委会审议后，报上级单位审查。

1）市公司级单位安委会审议基层单位和本级排查发现的安全隐患，对一般隐患审议后反馈至隐患所在单位，对较大及以上隐患报省公司级单位审查。

2）省公司级单位安委会审议地市公司级单位和本级排查发现的安全隐患，对较大隐患审议后反馈至隐患所在单位，对重大隐患报公司总部审查。

3）公司总部安委会审议省公司级单位和本级排查发现的安全隐患，对重大隐患审议后反馈至隐患所在单位。

（5）隐患全面排查工作结束后，各单位应结合日常巡视、季节性检查等工作，开展隐患常态化排查。

（6）对于国家、行业及地方政府部署开展的安全生产专项行动，各单位应在公司现行隐患排查标准的基础上，补充相关排查条款，开展针对性排查。

（7）对于公司系统安全事故（事件）暴露的典型问题和家族性隐患，各单位应举一反三开展事故类比排查。

（8）各单位应在全面排查和逐级审查基础上，分层分级建立本单位安全隐患清单，并结合日常排查、专项排查和事故类比排查滚动更新。

第三节　隐患治理及重大隐患管理

一、隐患治理

（1）隐患一经确定，隐患所在单位应立即采取防止隐患发展的安全控制措施，并根据隐患具体情况和紧急程度，制订治理计划，明确治理单位、责任人和完成时限，做到责任、措施、资金、期限和应急预案"五落实"。

（2）各级专业部门负责组织制定本专业隐患治理方案或措施，重大隐患由省公司级单位制定治理方案，较大隐患由市公司级单位制定治理方案或治理措施，一般隐患由县公司级单位制定治理措施。

（3）各级安委会应及时协调解决隐患治理有关事项，对需要多专业协同治理的，明确责任分工、措施和资金；对于需要地方政府部门协调解决的，及时报告政府有关部门；对于超出本单位治理能力的，及时报送上级单位协调解决。

（4）各级单位应将隐患治理所需项目、资金作为项目储备的重要依据，纳入综合计划和预算优先安排。公司总部及省、地市公司级单位应建立隐患治理绿色通道，对计划和预算外急需实施治理的隐患，及时调剂和保障所需资金和物资。

（5）隐患所在单位应结合电网规划、电网建设、技改大修、检修运维、规章制度"立改废释"等及时开展隐患治理，各专业部门应加强专业指导和督导检查。

（6）对于重大隐患治理完成前或治理过程中无法保证安全的，应从危险区域内撤出相关人员，设置警示标志，暂时停工停产或停止使用相关设备设施，并及时向政府有关部门报告；治理完成并验收合格后方可恢复生产和使用。

（7）对于因自然灾害可能引发事故灾难的隐患，所属单位应当按照有关规定进行排查治理，采取可靠的预防措施，制定应急预案。在接到有关自然灾害预报时，应当及时发出预警通知；发生的自然灾害可能危及人员安全的，应当采取停止作业、撤离人员、加强监测等安全措施。

（8）各级安委办应开展隐患治理挂牌督办，公司总部挂牌督办重大隐患，省公司级单位挂牌督办较大隐患，市公司级单位挂牌督办治理难度大、周期长的一般隐患。

（9）隐患治理完成后，隐患治理单位在自验合格的基础上提出验收申请，相关专业部门应在申请提出后一周内完成验收，验收合格予以销号，不合格重新组织治理。

1）重大隐患治理结果由省公司级单位组织验收，结果向国网安委办和相关专业部门报告。

2）较大隐患治理结果由地市公司级单位组织验收，结果向省公司安委办和相关专业部门报告。

3）一般隐患治理结果由县公司级单位组织验收，结果向地市公司级安委办和相关专业部门报告。

4）涉及国家、行业监管部门、地方政府挂牌督办的重大隐患，在治理工作结束后，应及时将有关情况报告相关政府部门。

（10）各级安委办应组织相关专业部门定期向安委会汇报隐患治理情况，对于共性问题和突出隐患，深入分析隐患成因，从管理和技术上制定源头防范措施。

（11）各级单位应统一使用公司安全隐患管理信息系统，实现隐患排查治理工作全过程记录和"一患一档"管理。重大隐患相关文件资料应及时向本单位档案管理部门移交归档。

隐患档案应包括以下信息：隐患简题、隐患内容、隐患编号、隐患所在单位、专业分类、归属部门、评估定级、治理期限、资金落实、治理完成情况等。隐患排查治理过程中形成的会议纪要、治理方案、验收报告等应归入隐患档案。

（12）各级单位应将隐患排查治理情况如实记录，并通过职工大会或者职工代表大会、信息公示栏等方式向从业人员通报。各级单位应在月度安全生产会议上通报本单位隐患排查治理情况，各班组应在安全日活动上通报本班组隐患排查治理情况。

（13）各级单位应建立隐患季度分析、年度总结制度，各级专业部门应定期向本级安委办报送专业隐患排查治理工作，省公司级安委办在7月15日前向公司总部报送上半年工作总结，次年1月10日前通过公文报送上年度工作总结。

（14）各级安委办按规定向国家能源局及其派出机构、地方政府有关部门报告安全隐患统计信息和工作总结。各级单位应做好沟通协调工作，确保报送数据的准确性和一致性。

二、重大隐患管理

（1）重大隐患应执行即时报告制度，各单位评估为重大隐患的，应于2个工作日内报总部相关专业部门及安委办，并向所在地区政府安全监管部门和电力安全监管机构报告。

重大隐患报告内容应包括：隐患的现状及其产生原因；隐患的危害程度和整改难易程度分析；隐患治理方案。

（2）重大隐患应制定治理方案。重大隐患治理方案应包括：治理目标和任务；采取的方法和措施；经费和物资落实；负责治理的机构和人员；治理时限和要求；防止隐患进一步发展的安全措施和应急预案等。

（3）重大隐患治理应执行"两单一表"（签发督办单—制定管控表—上报反馈单）制度，实现闭环监管。

1）签发安全督办单。国网安委办获知或直接发现所属单位存在重大隐患的，安委办主任或副主任签发"安全督办单"，对省公司级单位整改工作进行全程督导。

2）制定过程管控表。省公司级单位在接到督办单15日内，编制"安全整改过程管控表"，明确整改措施、责任单位（部门）和计划节点，安委会主任签字、盖章后报国网安委办备案，国网安委办按照计划节点进行督导。

3）上报整改反馈单。省公司级单位完成整改后5日内，填写"安全整改反馈单"，并附佐证材料，安委会主任签字、盖章后报国网安委办备案。

（4）各级单位重大隐患排查治理情况应及时向政府负有安全生产监督管理职责的部门和本单位职工大会或职工代表大会报告。

第四节　隐患排查治理案例

【案例一】 220kV××变电站主变 35kV 低压侧至配电装置电缆连接未采用单芯电缆，存在变压器低压侧出口短路安全隐患

1. 隐患排查（发现）

某公司于××××年5月2日，发现220kV××变电站#2主变35kV低压侧至配电装置电缆连接采用三相统包电缆的现象，存在主变压器低压侧短路安全隐患。220kV××变电站#2主变于1982年投运，投运时主变35kV低压侧至配电装置电缆连接三相统包电缆，因三相统包电缆故障率相对较高，除单相故障外还经常发生相间短路故障，导致该主变发生出口及近区发生短路，造成变压器内线圈绕组变形损坏的输变电设备事件。

依据《国家电网有限公司十八项电网重大反事故措施（修订版）》（国家电网设备〔2018〕979号）中第9.1.5条款："变压器中、低压侧至配电装置采用电缆连接时，应采用单芯电缆；运行中的三相统包电缆，应结合全寿命周期及运行情况进行逐步改造。"依据《国家电网有限公司安全事故调查规程（2021年版）》（国家电网安监〔2020〕820号）中第4.3.6.2"输变电设备损坏，有下列情形之一者：（4）110千伏（含66千伏）以上主变压器，±400千伏以下直流换流站的换流变压器、平波电抗器等本体故障损坏或绝缘击穿"，可能导致六级设备事件；按照《国家电网有限公司安全隐患排查治理管理办法》（国网（安监/3）481—2022）"第三章 分级分类"规定：六级设备事件构成较大隐患。

2. 隐患治理

隐患一经确定，隐患所在单位应立即采取防止隐患发展的安全管控措施，并根据隐患具体情况和紧急程度，制订治理计划，明确治理单位、责任人和完成时限，做到责任、措施、资金、期限和应急预案"五落实"。

各级专业部门负责组织制定本专业隐患治理方案或措施，重大隐患由省公司级单位制定治理方案，较大隐患由市公司级单位制定治理方案或治理措施，一般隐患由县公司级单位制定治理措施。

隐患所在单位根据某公司反馈意见，计划当年内完成治理，并同步制定以下防控措施。

（1）及时将该隐患上报相关管理部门，同时告知相关变电运行、检修管理人员，编制应急预案，做好该隐患的防范措施。

（2）加强运维人员的巡视，定期做好红外测温工作，同时结合该变压器负荷变化情况，关注其温度变化情况。

（3）全电缆线路禁止采用重合闸，对于含电缆的混合线路应根据电缆线路距离出口的位置、电缆线路的比例等实际情况采取停用重合闸等措施，防止变压器连续遭受短路冲击。

（4）及时确定该隐患的整改计划及完成期限，结合停电对该低压侧三相统包电缆更换为单芯电缆，完成整改消除隐患。

××××年6月24日，隐患所在单位对#1主变35kV低压侧三相统包电缆更换为单芯电缆，治理完成后满足变电站变压器设备运行的技术（安全）规范要求。现申请对该隐患治理完成情况进行验收。

3. 验收销号

隐患所在单位完成隐患治理后，××××年6月25日，某供电公司运维检修部对220kV××变电站#1主变35kV低压侧至配电装置电缆连接未采用单芯电缆的隐患（××号隐患）进行现场验收，治理方案各项措施已按要求实施，治理完成情况属实，满足安全（生产）运行要求，该隐患已消除。

【案例二】110kV××变电站10kV电缆夹层电缆穿孔处封堵不严，存在电缆外绝缘性能下降、击穿的安全隐患

1. 隐患排查（发现）

某公司于××××年9月12日，发现110kV××变电站10kV电缆夹层电缆穿孔封堵处渗水的现象，不满足《电力电缆及通道运维规程》（Q/GDW 1512—2014）第5.2.8条"电缆进入电缆沟、隧道、竖井、建筑物、盘（柜）以及穿入管子时，出入口应封堵，管口应密封"的要求。如不及时处理，在连续下雨、潮湿的天气下，电缆夹层外的水分、潮气从电缆穿孔封堵不严的缝隙进入电缆夹层内，水分进入电缆绝缘表面或导体表面，使绝缘在比产生电树枝低得多的电场强度下引发水树枝，并逐步向绝缘内部延伸，致使绝缘加速老化，直至电缆绝缘击穿，导致该站10kV电缆出现异常运行或被迫停止运行，并造成减供负荷者。

依据《国家电网有限公司安全事故调查规程（2021年版）》（国家电网安

监〔2020〕820号）第4.2.8.1条"10千伏（含20千伏、6千伏）供电设备（包括母线、直配线等）异常运行或被迫停止运行，并造成减供负荷者"条款，构成八级电网事件；按照《国家电网有限公司安全隐患排查治理管理办法》（国网（安监/3）481—2022）"第三章分级分类"规定：八级电网事件定性为一般隐患。

2. 隐患治理

隐患一经确定，隐患所在单位应立即采取防止隐患发展的安全管控措施，并根据隐患具体情况和紧急程度，制订治理计划，明确治理单位、责任人和完成时限，做到责任、措施、资金、期限和应急预案"五落实"。

各级专业部门负责组织制定本专业隐患治理方案或措施，重大隐患由省公司级单位制定治理方案，较大隐患由市公司级单位制定治理方案或治理措施，一般隐患由县公司级单位制定治理措施。

隐患所在单位根据某公司反馈意见，计划当年内完成治理，并同步制定以下防控措施。

（1）加强对该变电站10kV电缆夹层封堵巡视力度，对封堵脱落严重的情况，应采用临时封堵措施。

（2）加强对该变电站10kV电缆夹层温湿度检查力度，如湿度过大时，应加装除湿设备，做好除湿措施。

（3）在该变电站10kV电缆夹层临时增加抽水机等设备。在连续大雨天气下，一旦有雨水倒灌进入10kV电缆夹层，及时启动抽水机，排出积水。

（4）确定该隐患的整改计划及完成期限，同时联系外部单位用水泥基渗透材料进行封堵解决，完成整改，消除隐患。

××××年10月24日，隐患所在单位对该10kV电缆夹层采用水泥基渗透材料对电缆穿孔封堵处进行整治，整改后其符合电缆运行的安全技术（安全）规范要求。现申请对该隐患治理完成情况进行验收。

3. 验收销号

隐患所在单位完成治理后，××××年10月25日，某供电公司运维检修部对110kV××变电站10kV电缆夹层电缆穿孔处封堵不严的隐患（××号隐患）进行现场验收，治理方案各项措施已按要求实施，治理完成情况属实，满足安全（生产）运行要求，该隐患已消除。

第五章
生产现场的安全设施

为规范电力线路安全设施的配置，创造安全清晰的工作环境，保障人员的安全与健康，依据职业安全卫生有关法律法规和安全管理有关规定，结合电力线路现场实际，国家电网有限公司制定安全设施标准。电力线路生产活动所涉及的场所、设备（设施）、检修施工等特定区域以及其他有必要提醒人们注意安全的场所，应配置使用标准化的安全设施。

安全设施的配置要求具体包括以下几个方面。

（1）安全设施应清晰醒目、规范统一、安装可靠、便于维护，适应使用环境。

（2）安全设施所用的颜色应符合 GB 2893—2008《安全色》的规定。

（3）电力线路杆塔应标明线路名称、杆（塔）号、色标，并在线路保护区内设置必要的安全警示标志。

（4）电力线路一般应采用单色色标，线路密集地区可采用不同颜色的色标加以区分。

（5）安全设施设置后，不应成为伤害人身、影响设备安全的潜在风险或妨碍正常工作。

第一节　安全标志

安全标志是用以表达特定安全信息的标志，由图形符号、安全色、几何形状（边框）和文字构成。安全标志分禁止标志、警告标志、指令标志、提示标志四大基本类型和消防、道路安全标志等特定类型。

一、一般规定

（1）安全标志一般是使用相应的通用图形标志和文字辅助标志的组合标志。

（2）安全标志一般采用标志牌的形式，宜使用衬边，以使安全标志与周围环境之间形成较为强烈的对比。

（3）安全标志牌应设在与安全有关场所的醒目位置，便于走近电力线路或进入电缆隧道的人们看见，并有足够的时间来注意它所表达的内容。环境信息标志宜设在有关场所的入口处和醒目处；局部环境信息应设在所涉及的相应危险地点或设备（部件）的醒目处。

（4）安全标志牌不宜设在可移动的物体上，以免标志牌随母体物体的移动而相应移动，影响认读。标志牌前不得放置妨碍认读的障碍物。

（5）多个标志在一起设置时，应按照警告、禁止、指令、提示类型的顺序，先左后右、先上后下排列，且应避免出现相互矛盾、重复的现象。也可以根据实际，使用多重标志。

（6）安全标志牌的固定方式分附着式、悬挂式和柱式。附着式和悬挂式的固定应稳固不倾斜，柱式的标志牌和支架应连接牢固。临时标志牌应采取防止倾倒、脱落、移位的措施。

（7）安全标志牌应设置在明亮的环境中。

（8）安全标志牌设置的高度应尽量与人眼的视线高度相一致，悬挂式和柱式的环境信息标志牌的下缘距地面的高度不宜小于2m，局部信息标志的设置高度应视具体情况确定。

（9）安全标志牌应定期检查，如发现破损、变形、褪色等不符合要求的情况时，应及时修整或更换。修整或更换安全标志牌时，应有临时的标志替换，避免发生意外伤害。

（10）电缆隧道入口，应根据电压等级等具体情况，在醒目位置按配置规范设置相应的安全标志牌，如"当心触电""当心中毒""未经许可 不得入内""禁止烟火""注意通风""必须戴安全帽"等。

（11）电力线路杆塔，应根据电压等级、线路途经区域等具体情况，在醒目位置按配置规范设置相应的安全标志牌，如"禁止攀登 高压危险"等。

（12）在人口密集或交通繁忙区域施工时，应根据环境设置必要的交通安全标志。

二、禁止标志及设置规范

禁止标志是禁止或制止人们的不安全行为的图形标志。常用禁止标志名称、图形示例及设置规范见表 5-1。

表 5-1　常用禁止标志名称、图形示例及设置规范

序号	名称	图形示例	设置范围和地点
1	禁止吸烟	禁止吸烟	电缆隧道的出入口、电缆井内、检修井内、电缆接续作业的临时围栏等处
2	禁止烟火	禁止烟火	电缆隧道出入口等处
3	禁止跨越	禁止跨越	不允许跨越的深坑（沟）等危险场所安全遮栏等处
4	禁止停留	禁止停留	高处作业现场、吊装作业现场等处
5	未经许可不得入内	未经许可不得入内	易造成事故或对人员有伤害的场所，如电缆隧道入口处
6	禁止通行	禁止通行	有危险的作业区域入口处或安全遮栏等处
7	禁止堆放	禁止堆放	消防器材存放处、消防通道等处

◆ 电力电缆

续表

序号	名称	图形示例	设置范围和地点
8	禁止合闸 线路有人工作		线路断路器和隔离开关把手上
9	禁止攀登 高压危险		线路杆塔下部，距地面约 3m 处
10	禁止开挖 下有电缆		禁止开挖的地下电缆线路保护区内
11	禁止在高压 线下钓鱼		跨越鱼塘线路下方的适宜位置
12	禁止取土		线路保护区内杆塔、拉线附近的适宜位置
13	禁止在高压线 附近放风筝		经常有人放风筝的线路附近的适宜位置
14	禁止在保护区 内建房		线路下方及保护区内

第五章 生产现场的安全设施

续表

序号	名称	图形示例	设置范围和地点
15	禁止在保护区内植树		线路电力设施保护区内植树严重地段
16	禁止在保护区内爆破		线路途经石场、矿区等
17	线路保护警示牌		对应装设易发生外力破坏的线路保护区内

三、警告标志及设置规范

警告标志是提醒人们对周围环境提高注意，以避免可能发生危险的图形标志。常用警告标志名称、图形示例及设置规范见表5-2。

表5-2 常用警告标志名称、图形示例及设置规范

序号	名称	图形示例	设置范围和地点
1	注意安全		易造成人员伤害的场所及设备处
2	注意通风		电缆隧道入口等处
3	当心火灾		易发生火灾的危险场所，如电气检修试验、焊接及有易燃易爆物质的场所

◆ 电力电缆

续表

序号	名称	图形示例	设置范围和地点
4	当心爆炸	当心爆炸	易发生爆炸的危险场所,如易燃易爆物质的使用或受压容器的存放等地点
5	当心中毒	当心中毒	可能产生有毒物质的电缆隧道等地点
6	当心触电	当心触电	有可能发生触电危险的电气设备和线路
7	当心电缆	当心电缆	暴露的电缆或地面下有电缆处施工的地点
8	当心机械伤人	当心机械伤人	易发生机械卷入、轧压、碾压、剪切等机械伤害的作业地点
9	当心伤手	当心伤手	易造成手部伤害的作业地点,如机械加工工作场所等
10	当心扎脚	当心扎脚	易造成脚部伤害的作业地点,如施工工地及有尖角散料等处
11	当心吊物	当心吊物	有吊装设备作业的场所,如施工工地等处

续表

序号	名称	图形示例	设置范围和地点
12	当心坠落	当心坠落	在易发生坠落事故的作业地点，如脚手架、高处平台、地面的深沟（池、槽）等处
13	当心落物	当心落物	易发生落物的危险地点，如高处作业、立体交叉作业的下方等处
14	当心坑洞	当心坑洞	生产现场和通道临时开启或挖掘的孔洞四周的围栏等处
15	当心弧光	当心弧光	易发生由于弧光造成眼部伤害的各种焊接作业场所等处
16	当心车辆	当心车辆	施工区域内车、人混合行走的路段，道路的拐角处、平交路口，车辆出入较多的施工区域出入口处
17	当心滑跌	当心滑跌	地面有易造成伤害的滑跌地点，如地面有油、冰、水等物质及滑坡处
18	止步 高压危险	止步 高压危险	带电设备的固定遮栏上，高压试验地点的安全围栏上，因高压危险禁止通行的过道上，工作地点邻近室外带电设备的安全围栏上等处

四、指令标志及设置规范

指令标志是强制人们必须做出某种动作或采用防范措施的图形标志。常用指令标志名称、图形示例及设置规范见表 5-3。

表 5-3　常用指令标志名称、图形示例及设置规范

序号	名称	图形示例	设置范围和地点
1	必须戴防护眼镜	必须戴防护眼镜	对眼睛有伤害的作业场所，如机械加工、各种焊接等场所
2	必须戴安全帽	必须戴安全帽	生产现场主要通道入口处，如电缆隧道入口、线路检修现场等可能产生高处落物的场所
3	必须戴防护手套	必须戴防护手套	易伤害手部的作业场所，如具有腐蚀、污染、灼烫、冰冻及触电危险的作业等处
4	必须穿防护鞋	必须穿防护鞋	易伤害脚部的作业场所，如具有腐蚀、灼烫、触电、砸（刺）伤等危险的作业地点
5	必须系安全带	必须系安全带	易发生坠落危险的作业场所，如高处作业现场

五、提示标志及设置规范

提示标志是向人们提供某种信息（如标明安全设施或场所等）的图形标志。常用提示标志名称、图形示例及设置规范见表 5-4。

表 5-4　常用提示标志名称、图形示例及设置规范

序号	名称	图形示例	设置范围和地点
1	从此上下	从此上下	工作人员可以上下的铁（构）架、爬梯上

续表

序号	名称	图形示例	设置范围和地点
2	从此进出	从此进出	户外工作地点围栏的出入口处
3	在此工作	在此工作	在工作地点处

六、消防安全标志及设置规范

消防安全标志是用以表达与消防有关的安全信息，由安全色、边框、以图像为主要特征的图形符号或文字构成的标志。

在电缆隧道入口处以及储存易燃易爆物品仓库门口处应合理配置灭火器等消防器材，在火灾易发生部位应设置火灾探测和自动报警装置。

各生产场所应有逃生路线的标志，楼梯主要通道门上方或左（右）侧应装设紧急撤离提示标志。

常用消防安全标志名称、图形示例及设置规范见表5-5。

表5-5 常用消防安全标志名称、图形示例及设置规范

序号	名称	图形示例	设置范围和地点
1	消防手动启动器		依据现场环境，设置在适宜、醒目的位置
2	火警电话	119	依据现场环境，设置在适宜、醒目的位置
3	消火栓箱	消火栓 火警电话：119 厂内电话：*** A001	生产场所构筑物内的消火栓处

续表

序号	名称	图形示例	设置范围和地点
4	灭火器		悬挂在灭火器、灭火器箱的上方或存放灭火器、灭火器箱的通道上，泡沫灭火器器身上应标注"不适用于电火"字样
5	消防水带		指示消防水带、软管卷盘或消火栓箱的位置
6	灭火设备或报警装置的方向		指示灭火设备或报警装置的方向
7	疏散通道方向		指示紧急出口的方向。用于在电缆隧道中指向最近出口处
8	紧急出口		便于安全疏散的紧急出口处，与方向箭头结合设在通向紧急出口的通道、楼梯口等处
9	从此跨越		悬挂在横跨桥栏杆上，面向人行横道

七、道路安全标志及设置规范

（1）根据 Q/GDW 1799.2《国家电网公司电力安全工作规程　线路部分》

规定，对于电力线路跨越道路或占道施工以及道路开挖施工作业，必须在不同部位设置道路警告标志牌和警示标志。其具体规定如下。

1）在居民区及交通道路附近开挖的基坑，应设坑盖或可靠遮栏，并加挂警告标示牌，夜间挂红灯。

2）立、撤杆应设专人统一指挥。开工前，应交代施工方法、指挥信号和安全组织、技术措施，作业人员应明确分工、密切配合、服从指挥。在居民区和交通道路附近立杆、撤杆时，应具备相应的交通组织方案，并设警戒范围或警告标志，必要时派专人看守。

3）交叉跨越各种线路、铁路、公路、河流等放、撤线时，应先取得主管部门同意，做好安全措施，如搭好可靠的跨越架、封航、封路、在路口设专人持信号旗看守等。

4）各类交通道口的跨越架的拉线和路面上部封顶部分，应悬挂醒目的警告标志牌。

5）进行高处作业时，除有关人员外，不准他人在工作地点的下面通行或逗留，工作地点下面应有围栏或装设其他保护装置，防止落物伤人。如在格栅式的平台上工作，为了防止工具和器材掉落，应采取有效隔离措施，如铺设木板等。

6）高处作业区周围的孔洞、沟道等应设盖板、安全网或围栏并有固定其位置的措施。同时，应设置安全标志，夜间还应设红灯示警。

7）在市区或人口稠密地区进行带电作业时，工作现场应设置围栏，并派专人监护，禁止非工作人员入内。

8）在带电设备区域内使用汽车吊、斗臂车时，车身应使用不小于$16mm^2$的软铜线可靠接地。在道路上施工应设围栏，并设置适当的警告标志牌。

9）掘路施工应具备相应的交通组织方案，做好防止交通事故的安全措施。施工区域应用标准路栏等严格分隔，并有明显标记；夜间施工应佩戴反光标志，施工地点应加挂警示灯，避免行人或车辆等误入。

（2）《中华人民共和国道路交通安全法》中关于设置道路警告标志牌和警告标志的相关规定如下。

1）因工程建设需要占用、挖掘道路，或者跨越、穿越道路架设、增设管线设施，应当事先征得道路专管部门的同意；影响交通安全的，还应当征得公安机关交通管理部门的同意。

施工作业单位应当在批准的路段和时间内施工作业，并在距离施工作业地点来车方向的安全距离处设置明显的安全警示标志，采取防护措施。施工作业完毕后，应当迅速清除道路上的障碍物，消除安全隐患，经道路主管部门和公安机关交通管理部门验收合格，符合通行要求后，方可恢复通行。

对未中断交通的施工作业道路，公安机关交通管理部门应当加强交通安全监督检查，维护道路交通秩序。

2）电力企业施工、检修单位跨越道路和在道路上占道施工，为使后来的车辆及时发现避免碰撞事故，必须在施工地段两侧的足够安全的距离内设置警示牌，如图5-1所示。

图5-1 电力施工道路警示牌

（3）设置道路警示牌的具体要求如下：

1）在高速公路上，警示牌应当设置在来车方向150m以外。如在下雨天或拐弯处，则应当在200m以外设置警示牌，方能让后方车辆及早发现和慢速通行。

2）在城市路面和普通公路上，警示牌应当设置在来车方向50m以外。

第二节 设备标志

设备标志是用以标明设备名称、编号等特定信息的标志，由文字和（或）图形构成。

一、一般规定

（1）电力线路应配置醒目的标志。配置的标志，不应成为伤害人身的潜在风险。

（2）设备标志由设备编号和设备名称组成。

（3）设备标志应定义清晰，且能够准确反映设备的功能、用途和属性。

（4）同一单位的每台设备标志的内容应是唯一的，禁止出现两个或多个内容完全相同的设备标志。

（5）配电变压器、箱式变压器、环网柜、柱上熔断器等配电装置，应设置按规定命名的设备标志。

二、架空线路标志及设置规范

（1）线路每基杆塔均应配置标志牌或涂刷标志，标明线路的名称、电压等级和杆塔号。新建线路杆塔号应与杆塔数量一致。若线路改建，则改建线路段的杆塔号可采用"$n+1$"或"$n-1$"（n为改建前的杆塔编号）形式。

（2）耐张型杆塔和分支杆塔前后各一基杆塔上，应有明显的相位标志。相位标志牌的基本形状为圆形，标准颜色为黄色、绿色、红色。

（3）在杆塔的适当位置宜喷涂线路名称和杆塔号，以便在标志牌丢失情况下仍能正确辨识杆塔。

（4）杆塔标志牌的基本样式一般为矩形、白底、红色黑体字，安装在杆塔的小号侧；特殊地形的杆塔，标志牌可悬挂在其他醒目位置上。

（5）同杆架设的双（多）回路标志牌应在每回路对应的小号侧安装，特殊情况可在每回路对应的杆塔两侧安装。

（6）20kV及以下电压等级线路悬挂高度距地面不得小于2m。

三、电缆线路标志的设置规范

（1）电缆线路均应配置标志牌，标明线路的名称、电压等级、型号、长度、起止点名称。

（2）电缆标志牌的基本样式是矩形、白底、红色黑体字。

（3）电缆两端及隧道内应悬挂标志牌。隧道内标志牌间距约为100m，电缆转角处也应悬挂标志牌。与架空线路相连的电缆，其标志牌应固定于连接处附近的本电缆上。

（4）电缆接头盒处应悬挂标明电缆线路名称、电压等级、型号、长度、始点、终点及接头盒编号的标志牌。

(5)电缆为单相时,应注明相位标志。

(6)电缆应设置路径、宽度标志牌(桩)。城区直埋电缆可采用地砖等形式,以满足城市道路交通安全的要求。

设备标志名称、图形示例及设置规范见表5-6。

表5-6 设备标志名称、图形示例及设置规范

序号	名称	图形示例	设置范围和地点
1	单回路杆号标志牌	10kV×线 001号	安装在杆塔的小号侧。特殊地形的杆塔,标志牌可悬挂在其他醒目方位上
2	双回路杆号标志牌	10kV××I线 001号 10kV××II线 001号	安装在杆塔的小号侧的杆塔水平材上。标志牌底色应与本回路的色标一致,字体为白色黑体字(黄底时为黑色黑体字)
3	多回路杆号标志牌	10kV××I线 001号 10kV××I线 001号	安装在杆塔的小号侧的杆塔水平材上,标志牌底色应与本回路的色标一致,字体为白色黑体字(黄底时为黑色黑体字)。色标颜色按照红黄绿蓝白紫排列使用
4	涂刷式杆号标志	10kV××II线	涂刷在杆塔主材上,涂刷宽度为主材宽度,长度为宽度的4倍。双(多)回路塔号应以鲜明的异色标志加以区分。各回路标志的底色应与本回路的色标一致,白色黑体字(黄底时为黑色黑体字)
5	双(多)回路杆塔标志		标志牌装设(涂刷)在杆塔横担上,以鲜明异色区分

续表

序号	名称	图形示例	设置范围和地点
6	相位标志牌	A B C	装设在终端塔、耐张塔、换位塔及其前后直线塔的横担上。电缆为单相时，应注明相别标志
7	涂刷式相位标志		涂刷在杆号标志的上方，涂刷宽度为铁塔主材宽度，长度为宽度的3倍
8	环网柜、电缆分接箱标志牌	10kV××线 001号环网柜	装设于环网柜或电缆分接箱的醒目处。其基本样式是矩形、白底、红色黑体字
9	电缆标志牌	10kV××线 自：××变电站 至：××变电站 型号：YJLW02	电缆线路均应配置标志牌，标明电缆线路的名称、电压等级、型号参数、长度和起止变电站名称。其基本样式是矩形、白底、红色黑体字
10	电缆接头盒标志牌	10kV××线 自：××变电站 至：××变电站	电缆接头盒应悬挂标明电缆编号、始点、终点及接头盒编号的标志牌
11	电缆接地盒标志牌	10kV××线 自：××变电站 至：××变电站 长度：××m 001号接线盒	电缆接地盒应悬挂标明电缆编号、始点、起点至接头盒长度及接头盒编号的标志牌

第三节　安全防护设施

安全防护设施是防止由外因引发的人身伤害、设备损坏而配置的防护装置和用具。

一、一般规定

（1）安全防护设施用于防止由外因引发的人身伤害，包括安全帽、安全带、临时遮栏（围栏）、孔洞盖板、爬梯遮栏门、安全工器具试验合格证标志牌、接地线标志牌及接地线存放地点标志牌、杆塔拉线、接地引下线、电缆防护套管及警示线、杆塔防撞警示线等装置和用具。

（2）工作人员进入生产现场，应根据作业环境中存在的危险因素，穿戴或使用必要的防护用品。

（3）所有升降口、大小坑洞、楼梯和平台，应装设不低于1050mm高的栏杆和不低于100mm高的护板。如在检修期间需将栏杆拆除，则应装设临时遮栏，并在检修工作结束后将栏杆立即恢复。

二、安全防护设施及配置规范

安全防护设施的名称、图形示例及配置规范见表5-7。

表5-7 安全防护设施的名称、图形示例及配置规范

序号	名称	图形示例	设置范围和地点
1	安全帽	（红色）（蓝色）（白色）（黄色）（安全帽背面）	（1）安全帽用于作业人员头部的防护。任何人进入生产现场，均应正确佩戴安全帽。 （2）安全帽前面有国家电网有限公司标志，后面为单位名称及编号，应按编号定置存放。 （3）安全帽实行分色管理。红色安全帽为管理人员使用，黄色安全帽为运行人员使用，蓝色安全帽为检修（施工、试验等）人员使用，白色安全帽为外来参观人员使用
2	安全带		（1）安全带用于防止高处作业人员发生坠落或发生坠落后将作业人员安全悬挂。 （2）在没有脚手架或者在没有栏杆的脚手架上工作，高度超过1.5m时，应使用安全带。 （3）安全带应标注使用班站名称、编号，并按编号定置存放。 （4）安全带存放时应避免接触高温、明火、酸类以及有锐角的坚硬物体和化学药物

续表

序号	名称	图形示例	设置范围和地点
3	安全工器具试验合格证标志牌	安全工器具试验合格证 名称_____ 编号_____ 试验日期___年__月__日 下次试验日期___年__月__日	（1）安全工器具试验合格证标志牌应贴在试验合格的安全工器具的醒目位置。 （2）安全工器具试验合格证标志牌可采用粘贴力强的不干胶制作，规格为 60mm×40mm
4	接地线标志牌及接地线存放地点标志牌	编号：01 电压：220kV ××变电站 01 号接地线	（1）接地线标志牌应固定在地线接地端线夹上。 （2）接地线标志牌应采用不锈钢板或其他金属材料制成，厚度为 1.0mm。 （3）接地线标志牌的尺寸为 D=30~50mm，D_1=2.0~3.0mm。 （4）接地线存放地点标志牌应固定在接地线存放的醒目位置
5	临时遮栏（围栏）	带电侧 检修侧	（1）临时遮栏（围栏）适用于下列场所： 1）有可能高处落物的场所； 2）检修、试验工作现场与运行设备的隔离； 3）检修、试验工作现场规范工作人员活动范围； 4）检修现场的安全通道； 5）检修现场的临时起吊场地； 6）防止其他人员靠近的高压试验场所； 7）安全通道或沿平台等边缘部位，因检修卸下、拆除常设栏杆的场所； 8）事故现场的保护； 9）需临时打开的平台、地沟、孔洞盖板的周围等。 （2）临时遮栏（围栏）应采用满足安全、防护要求的材料制作。有绝缘要求的临时遮栏应采用干燥木材、橡胶或其他坚韧的绝缘材料制成。 （3）临时遮栏（围栏）的高度应为 1050~1200mm，防坠落遮栏应在下部装设不低于 180mm 高的挡脚板。 （4）临时遮栏（围栏）的强度和间隙应满足防护要求，装设应牢固可靠。 （5）临时遮栏（围栏）应悬挂安全标志，位置应根据实际情况而定

◆ 电力电缆

续表

序号	名称	图形示例	设置范围和地点
6	孔洞盖板	覆盖式 镶嵌式	（1）适用于生产现场需打开的孔洞。 （2）孔洞盖板均应为防滑板，且应覆以与地面齐平的、坚固的、有限位的盖板。盖板边缘应大于孔洞边缘100mm，限位块与孔洞边缘的距离不得大于25~30mm，网络板孔眼不应大于50mm×50mm。 （3）在检修工作中如需将孔洞盖板取下，应设临时围栏。临时打开的孔洞，在施工结束后应立即恢复原状；夜间不能恢复的，应加装警示红灯。 （4）孔洞盖板可制成与现场孔洞互相配合的矩形、正方形、圆形等形状，选用镶嵌式、覆盖式，并在其表面涂刷45°黄黑相间的等宽条纹，宽度宜为50~100mm。 （5）孔洞盖板的拉手可做成活动式，或在盖板两侧设直径约8mm的小孔，便于钩起
7	杆塔拉线、接地引下线、电缆防护套管及警示标识		（1）在线路杆塔拉线、接地引下线、电缆的下部，应装设防护套管，也可采用反光材料制作的防撞警示标识。 （2）防护套管及警示标识的长度不小于1.8m，黄黑相间，间距宜为200mm
8	杆塔防撞警示线	200mm 200mm 200mm 200mm	（1）在道路中央和马路沿外1m内的杆塔下部，应涂刷防撞警示线。 （2）防撞警示线应采用道路标线涂料涂刷，带荧光，其高度不小于1200mm，黄黑相间，间距为200mm

第五章 生产现场的安全设施

续表

序号	名称	图形示例	设置范围和地点
9	过滤式防毒面具和正压式消防空气呼吸器	过滤式防毒面具 正压式消防空气呼吸器	（1）电缆隧道应按规定配备过滤式防毒面具和正压式消防空气呼吸器。 （2）过滤式防毒面具是在有氧环境中使用的呼吸器。 （3）过滤式防毒面具应符合相关的规定。使用时，空气中氧气浓度不得低于18%，温度为 −30~+45℃，且不能用于槽、罐等密闭容器环境。 （4）过滤式防毒面具的过滤剂有一定的使用时间，一般为 30~100min。过滤剂失去过滤作用（面具内有特殊气味）时，应及时更换。 （5）过滤式防毒面具应存放在干燥、通风，无酸、碱、溶剂等物质的库房内，严禁重压。过滤式防毒面具的滤毒罐（盒）的储存期为5年（3年），过期产品应经检验确认合格后方可使用。 （6）正压式消防空气呼吸器是用于无氧环境中的呼吸器。 （7）正压式消防空气呼吸器应符合相关的规定。 （8）正压式消防空气呼吸器在储存时应装入包装箱内，避免长时间暴晒，不能与油、酸、碱或其他有害物质共同贮存，严禁重压

第六章 典型违章举例与事故案例分析

第一节 典型违章举例

一、严重违章

国家电网有限公司安全生产典型严重违章按照严重程度由高至低分为以下 3 类。

Ⅰ类严重违章：主要包括违反"十不干"要求的违章。

Ⅱ类严重违章：主要包括公司系统近年造成安全事故（事件）的违章。

Ⅲ类严重违章：主要包括安全风险高，易造成安全事故（事件）的违章。

（一）Ⅰ类严重违章

1. 管理违章

（1）无日计划作业，或实际作业内容与日计划不符。

（2）使用达到报废标准的或超出检验期的安全工器具。

（3）工作负责人（作业负责人、专责监护人）不在现场，或劳务分包人员担任工作负责人（作业负责人）。

2. 行为违章

（1）未经工作许可（包括在客户侧工作时，未获客户许可），即开始工作。

（2）无票（包括作业票、工作票及分票、操作票、动火票等）工作、无令操作。

（3）作业人员不清楚工作任务、危险点。

（4）超出作业范围未经审批。

（5）作业点未在接地保护范围。

（6）漏挂接地线或漏合接地刀闸。

（7）有限空间作业未执行"先通风、再检测、后作业"要求。未正确设置监护人；未配置或不正确使用安全防护装备、应急救援装备。

（二）Ⅱ类严重违章

1. 管理违章

（1）未及时传达学习国家、公司安全工作部署，未及时开展公司系统安全事故（事件）通报学习、安全日活动等。

（2）在带电设备附近作业前未计算校核安全距离；作业安全距离不够且未采取有效措施（既是管理违章也是行为违章）。

2. 行为违章

（1）在电容性设备检修前未放电并接地，或结束后未充分放电。

（2）高压试验变更接线或试验结束时未将升压设备的高压部分放电、短路接地。

（3）擅自开启高压开关柜门、检修小窗，擅自移动绝缘挡板。

（4）在带电设备周围使用钢卷尺、金属梯等禁止使用的工器具。

（5）随意解除闭锁装置，或擅自使用解锁工具（钥匙）。

（6）继电保护、直流控保、稳控装置等定值计算、调试错误，误动、误碰、误（漏）接线。

（7）在运行站内使用吊车、高空作业车、挖掘机等大型机械开展作业，未经设备运维单位批准即改变施工方案规定的工作内容、工作方式等。

（三）Ⅲ类严重违章

1. 管理违章

（1）将高风险作业定级为低风险。

（2）违规使用没有"一书一签"（化学品安全技术说明书、化学品安全标签）的危险化学品。

（3）现场作业人员未经安全准入考试并合格；新进、转岗和离岗3个月以上电气作业人员，未经专门安全教育培训，并经考试合格上岗。

（4）不具备"三种人"资格的人员担任工作票签发人、工作负责人或许可人。

（5）特种设备作业人员、特种作业人员、危险化学品从业人员未依法取得资格证书。

（6）特种设备未依法取得使用登记证书、未经定期检验或检验不合格。

（7）安全风险管控平台上的作业开工状态与实际不符；作业现场未布设与安全风险管控平台作业计划绑定的视频监控设备，或视频监控设备未开机、未拍摄现场作业内容。

2. 行为违章

（1）票面（包括作业票、工作票及分票、动火票等）缺少工作负责人、工作班成员签字等关键内容。

（2）重要工序、关键环节作业未按施工方案或规定程序开展作业；作业人员未经批准擅自改变已设置的安全措施。

（3）作业人员擅自穿、跨越安全围栏、安全警戒线。

（4）起吊或牵引过程中，受力钢丝绳周围、上下方、内角侧和起吊物下面，有人逗留或通过。

（5）在易燃易爆或禁火区域携带火种、使用明火、吸烟；未采取防火等安全措施在易燃物品上方进行焊接，下方无监护人。

（6）在互感器二次回路上工作，未采取防止电流互感器二次回路开路，电压互感器二次回路短路的措施。

（7）未按规定开展现场勘察或未留存勘察记录；工作票（作业票）签发人和工作负责人均未参加现场勘察。

（8）高压带电作业未穿戴绝缘手套等绝缘防护用具；高压带电断、接引线或带电断、接空载线路时未戴护目镜。

（9）开断电缆前，未与电缆走向图图纸核对是否相符，未使用仪器确认电缆无电压，未用接地的带绝缘柄的铁钎钉入电缆芯。

（10）开断电缆时扶绝缘柄的人未戴绝缘手套，未站在绝缘垫上，未采取防灼伤措施。

（11）起重作业无专人指挥或指挥人员不满足要求。

二、一般违章

1. 管理违章

（1）在起重机械作业范围内未设置吊装警戒区，未设置明显的安全警示标志。

（2）电缆沟作业前，施工区域未设置标准路栏。

2. 行为违章

（1）电缆敷设施工时，放线人员站在线盘前方。当放到线盘上的最后几圈时，无防止电缆突然蹦出的安全措施。

（2）电缆敷设施工时，电缆线盘无制动措施。

（3）工井内进行电缆中间接头安装时，压力容器放置在工井内，压力容器未远离明火作业区域。

（4）工井内使用的照明灯具未采用安全电压。

（5）电缆施工，人员上下工井使用金属扶梯，扶梯无防滑措施。有人在井下工作时，擅自移开扶梯（放线工作除外）。

（6）电缆接头施工，携带型火炉或喷灯的火焰与带电裸露部分的安全距离不满足安规要求。在电缆沟盖板上或旁边进行动火工作时未采取必要的防火措施。

（7）带电插拔肘形电缆终端接头时未使用绝缘操作棒、戴绝缘手套和护目镜。

（8）电缆沟（槽）开挖施工区域未用标准路栏等分隔，未有明显标记，夜间施工人员未佩戴反光标志，施工地点未加挂警示灯。

（9）在6级以上的大风下仍进行露天起重工作；多人指挥、指挥信号不明或光线暗淡看不清的情况下进行起重工作。

（10）电缆盘、输送机、电缆转弯处未按规定搭建牢固的放线架并放置稳妥。

（11）电缆施工完成后未对穿越过的孔洞进行封堵。

（12）电缆直埋敷设施工前未查清图纸，未开挖足够数量的样洞和样沟，未摸清地下管线分布情况。

（13）在电缆沟盖板上或旁边进行动火工作时未采取必要的防火措施。

（14）电缆试验时，被试电缆两端及试验操作未设专人监护，监护人员未保持通信畅通。

（15）电缆耐压试验分相进行时，另外两相未可靠接地。

（16）电缆故障声测定点时，直接用手触摸电缆外皮或冒烟小洞。

（17）沟槽开挖深度达到1.5m及以上时，未采取措施防止土层塌方。

（18）施工人员未根据电缆盘的规格、材质、结构等情况选择合适的吊装方式，吊装施工时未做好相关的安全措施。

（19）施工人员在搬运及滚动电缆盘时，未确保电缆盘结构牢固、滚动方向正确。

（20）线盘架设未选用与线盘相匹配的放线架，或架设不平稳。

（21）电缆盘、输送机、电缆转弯处未按规定搭建牢固的放线架并放置稳妥。

（22）电缆试验时，被试电缆两端及试验操作未设专人监护，监护人员未保持通信畅通。

3. 装置违章

起重机械未安装限位装置或失效。

第二节　事故案例分析

【案例一】在电缆故障抢修作业中，未按规定执行保证安全的组织措施和技术措施，造成一死一伤的人身触电伤亡事故

1. 事故经过

3月23日13时15分，××供电公司配电专业室电缆运行班接调度令后，工作负责人组织7名施工人员进行电缆故障抢修（受损电缆东西并排在同一沟内）。现场组织抢修时，没有使用事故应急抢修单。在对西侧电缆（××一路）进行绝缘刺锥破坏测试验明无电后，完成此条电缆的抢修工作。处理东侧电缆外绝缘受损缺陷时，工作负责人主观认为是××一路并接的另一条电缆（实际是运行中的××二路），在未对东侧电缆（原来是与西侧电缆同一电源送出，后来改接到××二路）进行绝缘刺锥破坏测试验电的情况下，即开始此条电缆的抢修工作。16时34分，工作班成员陈×在割破电缆绝缘后发生触电事故，同时伤及共同工作的谷×。17时25分，陈×抢救无效死亡。伤者谷×转至××医院接受治疗。调查发现：事故电缆1994年8月投运时为同路双条，2003年11月改造时分为两路，每路单条。因未明确产权及运行维护责任的归属，竣工资料迟迟未移交，电缆运行班未建立该事故电缆的运行资料。

2. 违章分析

（1）工作负责人履行安全职责不到位。抢修工作未按要求使用事故应急抢修单，开工前未向全体工作班成员告知危险点，未交代安全措施和技术措施。在未判明电缆确已停电并采取相应安全措施的情况下，盲目组织抢修作业。

（2）抢修人员违反相关规程，自保意识差。工作时不使用相应的安全工器具，主观认为两条电缆为同路并接而没有使用绝缘刺锥进行验电就开始工作。

（3）生产管理混乱。电缆由一路双条分为两路单条后，上级电源××变电站模拟图板、调度模拟图板和开关柜上的双重编号一直未变更，导致图纸、资料、设备标志与现场实际不符。

（4）工程建设与运行严重脱节。电缆敷设竣工多年，一直未明确产权和运行维护单位，未建立相关运行、维护资料，为事故抢修埋下安全隐患。

3. 防范措施

（1）根据工作任务，填写电力电缆工作票或事故应急抢修单。工作负责人应向作业人员交代注意事项和安全措施，并确保每一位作业人员都已知晓。

（2）工作前应详细核对电缆标志牌的名称、编号与工作票所填写的是否相符，确认安全措施正确可靠后，方可开始工作。

（3）现场严格执行停电、验电、放电、接地等保证安全的技术措施。锯电缆以前，应与电缆走向图图纸核对，判断是否相符，并使用专用仪器确切证实电缆无电后，用接地的带绝缘柄的铁钎钉入电缆芯后，方可工作。扶绝缘柄的人应戴绝缘手套并站在绝缘垫上，并采取防灼伤措施（如防护面具等）。如使用液压割刀开断电缆，应在铁钎钉入电缆芯后方可开断，刀头应可靠接地，周边其他施工人员应临时撤离，液压机操作人员应与刀头保持足够的安全距离。

【案例二】施工时电缆沟壁坍塌造成人员死亡事故

1. 事故经过

6月9日上午7时许，××电力实业有限公司施工班裴×（工作负责人）、叶×、王×、甘×、张×（死者）等8人到达施工现场。工作负责人裴×组织班前会，进行"三交三查"、交代施工作业票等措施后，交代叶×

临时负责（但未对班组人员交代），就去了另外一个工作面。9时20分左右，挖掘机完成电缆沟挖掘的工作，王×、甘×和张×下至电缆沟进行清沟作业，3人位置：王×位于电缆沟的南段、甘×位于电缆沟北段、张×位于中段。9时30分左右，王×发现张×背后沟边土方开裂，立即叫张×逃离，但未等张×反应，土方已坍塌压至其背部（土方总量约0.5m³，沟深度约为1.4m，坍塌位置电缆沟上口宽度约为1.8m，下口宽度约为1.3m）。泥土将张×推跪至地，并将其背部压住（肩部以下，当时张×手持铁锹）。叶×立即组织王×、甘×等5人将张×身上的泥土扒开，并拨打120。清除泥土后将他抬出沟外（当时张×神志清楚，但不能站立，觉得腹部难受），9时40分，张×被送到××市人民医院，医院初步检查发现其伤势严重，中午12时10分左右，张×因肝破裂引起内出血抢救无效死亡。

2. 违章分析

（1）临时工作负责人叶×对现场土质把握不准确，在尚未采取防止管道沟坍塌的安全防范措施前，盲目指挥工作班成员下沟工作，导致管道沟壁泥土坍塌，这是事故发生的直接原因。

（2）工作负责人裴×虽然组织了班前会，但没有交代清楚危险点及做好预防措施，并离开工作现场，这是导致事故发生的重要原因。

（3）张×（死者）安全防范意识淡薄，在尚未采取防止管道沟坍塌的安全防范措施的情况下，盲目服从指令，这是导致事故发生的重要原因。

（4）××电力实业有限公司对施工班组的安全建设不重视，安全管理与监督不到位，对施工班组管理不认真、施工人员综合素质差等，造成施工秩序混乱是事故发生的间接原因。

3. 防范措施

（1）提高作业人员对作业中危险点的辨识能力和控制能力，提高作业人员的自保能力，坚决杜绝各类事故的发生。

（2）切实提高工作负责人、工作监护人对作业现场危险点的辨识能力、安全工作要求的落实能力和安全作业行为的指挥和监督能力，做好关键岗位人员的监督把关。

（3）切实加大现场违章的稽查力度，每到一处施工现场必须对施工过程中的反事故措施进行专项检查，有效控制和杜绝现场违章，确保人身安全。

（4）严格按照《安规》中关于坑洞开挖的安全规定，在土质松软处挖坑，应有防止塌方措施，如加挡板、撑木等。

【案例三】变电站电缆检修恢复电缆头接线作业，发生人身触电死亡事故

1. 事故经过

8月19日，110kV××变电站××n线314线路发生单相接地，调查发现314断路器下端到P1杆上3147出线隔离开关电缆损坏，需停电处理。经现场查勘，决定拆开电缆头将电缆放到地面再进行电缆中间头制作，由变检班龙×担任工作负责人；同时决定由配网110班更换3087、3147隔离开关（因隔离开关合不到位），班长王×为工作负责人。

8月21日，配网110班王×持事故应急抢修单，负责3087、3147两组隔离开关更换工作；变检班龙×持电力电缆第一种工作票，负责电缆中间头制作。12时30分，完成现场安全措施经调度许可同时开工。16时30分，配网110班完成3087、3147两组隔离开关更换和拆除现场安全措施后，工作负责人王×向调度汇报竣工，并带领工作班成员离开现场。17时30分，电缆中间头处理工作即将结束，线路专责朱×电话通知王×来现场恢复电缆引线工作。18时20分，电缆中间头工作结束后，工作负责人龙×说要带人去变电站内恢复314间隔柜内电缆接线，当时变电检修专职刘×说电缆没接好，要求其不要离开现场并建议另外派人去。但龙×说只要几分钟，马上就回来，并带领工作人员进入变电站内。18时22分，龙×在变电站控制室内向县调调控人员段×汇报说："我工作搞完了，向你汇报。"18时25分，龙×与维操队工作许可人办理工作票终结并返回到××n线P1杆工作现场，未向现场的其他作业人员说明已办理工作票终结及已向调控人员汇报。此时，王×已到现场并准备进行河桥n线3147隔离开关与电缆头的搭接工作，龙×等4位变电工作人员协助工作，生技股线路专责朱×、变电检修专职刘×均在现场。18时29分，县调调控人员段×下令维操队将××变电站××I线308、××n线314由检修转冷备用再由冷备用转运行。18时42分，维操队在恢复××n线314送电时，导致正在杆上作业的王×触电死亡。

2. 违章分析

（1）变检工作负责人龙×在配合电缆中间头制作而解开的电缆头未恢复、未告知现场人员、未履行验收手续，即擅自办理工作票终结手续，并向调控人员汇报工作结束，且汇报内容不全面、不具体，是发生事故的主要原因。

（2）王×在完成隔离开关更换后，明知还要再次上杆恢复电缆头接线，仍然拆除了事故抢修单和电力电缆第一种工作票上都有要求的3147靠电缆头侧接地线并办理工作终结手续，且明知接地线已拆除还擅自上杆进行作业是发生事故的直接原因，违反《安规》保证安全的技术措施中设备停电接地后方可进行工作的规定。

（3）县调调控人员段×工作随意，不使用规范的调度术语，在汇报内容不全，没有确认是否已拆除安全措施、是否具备送电条件的情况下，盲目向维操队下达送电指令。

（4）"两票"的执行不到位，没有严格按《安规》及相关规定正确使用工作票。3087、3147两组隔离开关更换并非事故抢修，使用事故应急抢修单（配网110班）进行工作是不对的；另外，20日晚上商定的、为配合做电缆中间头而进行的拆、接电缆头工作未列入当天工作票的工作内容，拆、接电缆头属于无票工作。这些现象反映员工培训不到位，执行《安规》能力差，工作票出现严重漏项或错误。

（5）员工安全意识、保命意识不强。配合搭接电缆头作业人员王×、龙×等，在明知安全措施不全的情况下，仍然登杆进行电缆头搭接工作。

3. 防范措施

（1）有针对性地开展安全教育培训，增强员工安全思想意识，提高风险分析和控制的能力。

（2）加强生产、调度管理和现场生产安全控制，规范制度，细化措施，强化落实。

（3）严格遵守安全规程制度，加大反违章力度，严查、重罚各类安全违章行为，杜绝违反"两票"和违反现场作业安全组织、技术措施等严重违章。

（4）强化多班组工作安全监管，规范并严格执行工作许可和终结汇报等制度。

（5）作业前开好班前会，进行"三交三查"，务必使每名工作班成员都知道工作任务、工作地点、工作时间、停电范围、邻近带电部位、现场安全措施等注意事项（必要时可以绘图讲解），并进行危险点告知，履行确认手续后方可开始工作；迟到人员开始工作前，工作负责人应向其详细交代以上各项内容。作业全过程进行有效的安全监护。

【案例四】电缆头安装时冒险作业，造成触电死亡

1. 事故经过

5月9日，××电力有限责任公司电缆施工队的工作人员王×、范×、胡×（死者），到××开关站的南侧终端杆上安装并固定10kV电缆终端头，为了保证供电可靠率和减少停电损失，施工时上层的10kV线路没停电，下层的380V低压公用变压器主干线路也没有停电，只是位于中层的380V路灯线路停电。18时20分，正在进行电缆头的挂装工作，王×带领5人拉吊绳，范×在焊接电缆护套管，胡×在杆上接应并固定电缆头。采用尼龙滑车、尼龙绳组的方式将YJV22-240电缆的终端头起吊到位于钢管杆的电缆支架上固定。当电缆头起吊上升至电缆支架处时被挂住，杆上作业人员胡×站在钢管杆北侧的爬梯上，腰系安全带，试图推开电缆头，由于用力不当，身体失去平衡，双手去抓支撑物时，不慎触及已被吊绳破坏了绝缘的低压带电导线而触电。胡×抢救无效后死亡。

2. 违章分析

（1）胡×现场工作时，安全意识淡薄，不检查安全措施是否完善，在安全技术措施、组织措施不完备的情况下开工，是这次事故的直接原因。

（2）现场监护不力，盲目蛮干，是这次事故的间接原因。

（3）公司分管安全领导安全教育不力，安全检查不到位，督促不力，是这次事故的间接原因。

3. 防范措施

（1）严格执行"两票三制"，禁止无票工作，特别是在施工作业票的填写上，要针对不同的作业环境和任务，认真分析、查找危险点，真正做到施工过程中的"三交三查"，个个清楚，人人签名。

（2）加强施工现场的安全管理，每个施工必须有保证安全的"三措"，要做好一切危险源的控制工作，每个施工现场必须有兼职（专职）安全员。安全员要履行职责，尤其是同杆架设，交叉跨越等复杂情况，该停电则停电，验电接地要可靠，绝不允许冒险作业，盲目蛮干。

第七章

班组安全管理

第一节 班组安全责任

一、运检(维)班组安全职责

(1)贯彻落实"安全第一、预防为主、综合治理"的方针,按照"三级控制"制定本班组年度安全生产目标及保证措施,布置落实安全生产工作,并贯彻实施。

(2)执行各项安全工作规程,开展作业现场危险点预控工作,执行"二票三制";执行检修规程及工艺要求,确保生产现场的安全,保证生产活动中人员与设备的安全。

(3)做好班组管理,做到工作有标准,岗位责任制完善并落实,设备台账齐全,记录完整。制订本班组年度安全培训计划,做好新入职人员、变换岗位人员的安全教育培训和考试。

(4)开展定期安全检查、隐患排查、"安全生产月"和专项安全检查等活动。积极参加上级各类安全分析会议、安全大检查活动。

(5)开展班前会、班后会,做好出工前"三交三查"工作,主动汇报安全生产情况。

(6)组织开展每周(或每个轮值)一次的安全日活动,结合工作实际开展经常性、多样性、行之有效的安全教育活动。

(7)开展班组现场安全检查和自查自纠工作,制止人员的违章行为。

（8）定期组织开展安全工器具及劳动保护用品检查，对发现的问题及时处理和上报，确保作业人员工器具及防护用品符合国家、行业或地方标准要求。

（9）执行安全生产规章制度和操作规程。执行现场作业标准化，正确使用标准化作业程序卡，参加检修、施工等工作项目的安全技术措施审查，确保所辖设备检修、大修、业扩等工程的施工安全。

（10）加强所辖设备（设施）管理，组织开展电力设施的安装验收、巡视检查和维护检修，保证设备安全运行。定期开展设备（设施）质量监督及运行评价、分析，提出更新改造方案和计划。

（11）执行电力安全事故（事件）报告制度，及时汇报安全事故（事件），保证汇报内容准确、完整，做好事故现场保护，配合开展事故调查工作。

（12）开展技术革新、合理化建议等活动，参加安全劳动竞赛和技术比武，促进安全生产。

二、施工班组安全职责

（1）贯彻落实"安全第一、预防为主、综合治理"的方针，按照"三级控制"制定本班组年度安全生产目标及保证措施，布置落实安全生产工作，并贯彻实施。

（2）负责组织编制重大（或复杂）作业项目的安全技术措施，执行各项安全工作规程及外包工程和临时用工的相关管理制度，开展作业现场危险点预控工作，执行"二票三制"。执行施工规程和工艺要求，确保施工现场的安全，保证人员与设备的安全。

（3）做好班组管理，做到工作有标准，岗位责任制完善并落实，设备台账齐全，记录完整。制订本班组年度安全培训计划，做好新入职人员、变换岗位人员的安全教育培训和考试。

（4）开展定期安全检查、隐患排查、"安全生产月"和专项安全检查等活动。积极参加上级各类安全分析会议、安全大检查活动。

（5）召开班前会、班后会，做好出工前"三交三查"工作，主动汇报安全生产情况。

（6）开展每周一次的安全日活动，结合工作实际开展经常性、多样性、行之有效的安全教育活动。

（7）开展班组现场安全稽查和自查自纠工作，制止人员的违章行为。

（8）定期组织开展安全工器具及劳动保护用品检查，对发现的问题及时处理和上报，确保作业人员工器具及防护用品符合国家、行业或地方标准要求。

（9）执行现场作业标准化，正确使用标准化作业程序卡，参加检修、施工等工作项目的安全技术措施审查及施工方案编制，确保所辖设备检修、大修、业扩等工程的施工安全。

（10）执行电力安全事故（事件）报告制度，及时汇报安全事故（事件），保证汇报内容准确、完整，做好事故现场保护，配合开展事故调查工作。

（11）开展技术革新、合理化建议等活动，参加安全劳动竞赛和技术比武，促进安全生产。

第二节　班组安全管理日常实务

一、班组安全活动

1. 班组安全活动要求

（1）班组应每周组织一次安全活动，根据上级文件要求和本单位实际应增开安全活动。安全活动时间一般应不少于 2h。

（2）安全活动由班长主持，班组全体成员参加。因故不能参加者，应在回班组后一周内补课并在安全活动相应位置签名。班组安全员应协助班组长组织好安全活动。

（3）安全活动可以采用集中学习、现场交流会、参观安全警示教育室、开放式班组活动等方式进行，活动发言人数要求不少于参加人数的 1/3 或 8 人以上。

（4）安全活动应通过书面、录音等形式做好记录。书面记录应使用黑色或蓝色水笔（钢笔），做到本人签名、记录清晰、字迹工整。录音或数字化记录应采取具备唯一性的签名认证方式，同时做好人员签名。

（5）各单位要加强对班组安全活动的组织指导，班组上级主管领导应每月至少参加一次班组安全活动并经常性对班组安全活动进行检查、评价，并在活动记录簿上签字。

（6）各级安全监督管理部门要不定期地对班组安全活动进行检查，将班组安全活动开展情况纳入对班组和个人的安全考核体系，并负责监督整改。

2. 班组安全活动内容

（1）学习贯彻上级有关安全生产的文件会议精神和反事故措施要求，学习事故通报，吸取事故教训。

（2）交流安全生产的经验，评议班组安全生产中的好人好事。

（3）点评上周安全工作情况，包括：上周安全生产情况、"两票"执行情况、现场违章及处理情况、隐患及缺陷发现和处理情况、风险及控制措施落实情况等。

（4）布置周安全工作，包括：对周生产工作安排，明确工作负责人，开展危险点分析，明确控制措施，开展事故预想；对存在的缺陷或隐患，明确责任人和控制措施，并做好相应档案记录。

（5）每月的第一次安全活动还应对上月的安全生产情况进行分析，对存在问题提出有针对性的整改意见；根据当月的生产任务，提出本班组月度安全生产要点。

（6）每月的最后一次安全活动还应对本班所有的安全工器具、施工机具和劳动防护用品及固定场所的安全防护设施、消防设施的检查情况进行通报。

二、班前会和班后会

1. 班前会

根据工作性质不同，班前会召开的侧重点也不同，主要内容突出"三交三查"（"三交"即交代工作任务、交代安全措施、交代注意事项；"三查"即检查作业人员精神状态、两戴一穿、现场安全措施）。做到"四清楚"（作业任务清楚、危险点清楚、现场的作业流程清楚、安全措施清楚）。

班组应每天或每个轮值出工前组织召开一次班前会，会议由班组长主持，班组全体成员参加。

班前会的主要内容是结合当班运行方式、工作任务，开展安全风险分析，布置风险预控措施，组织交代工作任务、作业风险和安全措施，检查安全工器具、劳动防护用品和人员精神状况。

班前会上应做好记录，并整理归档，保存一年。

2. 班后会

班组应每天组织召开一次班后会，会议由班组长主持，班组全体成员参加。班后会可结合次日班前会一并召开。

班后会的主要内容是总结讲评当班工作和安全情况，表扬遵章守纪行为，批评忽视安全、违章作业等不良现象，布置下一个工作日的任务。

班后会上应做好记录，并整理归档，保存1年。

三、电力安全工器具管理

安全工器具管理是班组安全管理的主营业务之一。管理好安全工器具，可以保证工作人员在生产经营活动中的人身安全，确保安全工器具的产品质量以及安全使用。班组安全工器具管理职责如下。

（1）负责根据配置标准及工作实际，提出安全工器具购置、更换、报废需求。

（2）建立安全工器具管理台账，做到账、卡、物相符，试验报告、检查记录齐全。

（3）负责开展安全工器具使用、保管培训，严格执行操作规定，正确使用安全工器具，严禁使用不合格或超试验周期的安全工器具。

（4）安排专人做好班组安全工器具日常维护、保养及定期送检工作。

1. 试验与检验

各类安全工器具应通过国家、行业标准规定的型式试验、出厂试验和预防性试验，并做好记录。

应进行试验的安全工器具如下：

1）规程要求进行试验的安全工器具；

2）新购置和自制的安全工器具；

3）检修后或关键零部件经过更换的安全工器具；

4）对安全工器具的机械、绝缘性能产生疑问或发现缺陷时。

使用安全工器具期间，应按照规定做好预防性试验。预防性试验项目、周期和要求以及试验时间应满足电力安全工器具预防性试验要求。安全工器具试验合格后，应在不妨碍绝缘性能且醒目的部位粘贴合格证。

2. 使用与保管

安全工器具使用总体要求：

1）每年至少应组织一次安全工器具使用方法培训，新进员工上岗前应进行安全工器具使用方法的培训，新型安全工器具使用前应组织针对性培训；

2）安全工器具使用前应进行外观、试验时间有效性等检查；

3）绝缘安全工器具使用前后应擦拭干净；

4）对安全工器具的机械、绝缘性能不能确定时，应进行试验，合格后方可使用；

5）现场使用时，安全工器具宜根据产品要求存放于温度、湿度合适及通风条件好的地方，与其他物资材料、设备设施分开存放。

安全工器具的领用、归还应严格履行交接和登记手续。领用时，保管人和领用人应共同确认安全工器具的有效性，确认合格后，方可出库；归还时，保管人和使用人应共同进行清洁整理和检查确认，检查合格的返库存放，不合格或超试验周期的另外存放，做出"禁用"标识，停止使用。

安全工器具的保管及存放，必须满足国家标准和行业标准，并符合产品说明书要求。使用单位公用的安全工器具，应指明专门负责管理、维护和保养工器具的人员。个人使用的安全工器具，应由班组指定地点集中存放，使用者负责管理、维护和保养，班组安全员不定期抽查安全工器具的使用维护情况。在保管及运输过程中，应防止安全工器具的损坏和磨损，绝缘安全工器具应做好防潮措施。

四、作业安全监督

1. 作业前准备

（1）接受工作任务后，工作负责人勘查现场，核对图纸，了解现场条件、工作地点和设备名称及编号，分析不安全因素，拟定确保安全施工的组织、技术和安全措施。

（2）对大修、技改、基建施工、综合性停电作业、各班组配合作业，应深入现场了解和核实实际情况，掌握周围的带电部位和工作位置以及施工构成的障碍物体，确定施工方案，查明作业中的不安全因素，制定可靠的安全措施。

（3）涉及较为复杂的工作项目，按规定编制"标准化作业指导书"三措方案，根据审批的权限，报上级有关部门审批，并组织学习落实。

（4）缺陷处理工作，应在工作前掌握缺陷情况，必要时分析原因，制定有针对性的处理措施。

（5）开工前，工作负责人组织召开班前会，工作班全体人员列队并面向工作地点，进行"三交三查"。工作班全体人员清楚无疑问且逐一签名后，方可进入现场。

（6）工作负责人应由具有相关工作经验，熟悉《安规》、熟悉设备情况、熟悉工作班人员工作能力、熟悉所承担的检修项目以及质量标准，并经室（所、公司）生产领导书面批准的人员担任。

（7）施工现场分组情况符合现场实际任务要求，指派合适的小组工作负责人。

（8）工作班组人员技术熟练，有较强的安全意识和工作责任心，能在班长或工作负责人的带领下，安全、保质、保量、安全地开展工作。

（9）重大的起重、运输项目，应编制专项作业方案，制定安全技术措施。禁止人货混装。禁止超速、超载。

2. 保证安全的组织、技术措施的实施

（1）进入电气设备区域内工作，必须执行工作票制度。

（2）按规定正确填写和签发工作票。此外，工作票、签发人的安全职责包括：明确工作必要性和安全性；确认工作票上所填安全措施正确完备；确认所派工作负责人和工作班人员适当和充足。

（3）计划检修工作的电力电缆第一种工作票应提前一天送至工作许可人、工作负责人工作许可人应审查工作票的正确性。

（4）作业前，工作负责人必须履行工作许可手续。

（5）工作负责人召开班前会，组织全体作业人员学习施工方案和标准化作业指导书，并进行"三交三查"。

（6）工作许可人接到调度人员的许可命令后，按照工作票要求完成现场安全措施，核对无误后，许可工作负责人开始工作。

（7）执行工作票所列工作内容的安全措施，未办理工作终结前不得擅自变更和拆除。

（8）禁止工作人员擅自移动或拆除接地线。

（9）工作负责人应检查工作班成员的精神状态是否符合工作要求，着装是否符合安全要求；检查安全工器具是否配备齐全、合格。

3. 作业过程

（1）电缆停电检修，工作许可人应在可能受电的各方面都拉闸停电，挂好操作接地线后，方能发出许可工作的命令。

（2）完成工作许可手续后，工作负责人、专职监护人应向工作班成员交代工作内容、人员分工、带电部位和现场安全措施，告知危险点，并履行确认手续，工作班方可开始工作。工作负责人、专职监护人应始终在工作现场，监护工作班人员的安全，及时纠正不安全的行为。

（3）电缆停电时进行工作，工作负责人在工作班成员确无触电等危险的条件下，可以参加工作班工作。

（4）在工作中遇雷、雨或其他任何可能威胁工作人员安全的情况下，工作负责人或专职监护人可根据情况临时停止工作。

（5）工作班必须暂时离开工作地点，则应采取安全措施和派人看守，不让人、畜接近挖好的基坑或未竖立稳固的杆塔以及负载的起重和牵引机械装置等。

（6）工作间断时，工作班人员应从工作现场撤出，所有安全措施保持不动，工作票由工作负责人执存。间断后继续工作，无须通过工作许可人。复工前，检查接地线等各项安全措施的完整性，召开站班会，若无工作负责人或专责监护人带领，工作人员不得进入工作地点。

（7）填用数日内工作有效的第一种工作票，每日收工时如果将工作地点所装的接地线拆除，次日恢复工作前应重新验电挂接地线。

（8）工作期间，工作负责人不得离开现场。若因故确需暂时离开工作现场时，应指定另一位能胜任的工作人员临时代替，将工作现场交代清楚，并告知工作班成员。原工作负责人返回时，也应履行同样的交接手续。若工作负责人必须长时间离开工作现场时，应由工作票签发人变更工作负责人，履行变更手续，并告知全体工作人员及工作许可人。原工作负责人和现工作负责人应做好必要的交接。

（9）专责监护人不得兼做其他工作。临时离开时，应通知被监护人员停止工作或离开工作现场，待专责监护人回来后方可恢复工作。

（10）工作负责人需要及时提醒和制止影响工作班成员注意力的言行。工作负责人需要注意观察工作班成员的精神和身体状态，必要时可对工作班成员进行适当调整。

（11）禁止酒后上岗和在工作场所说笑、打闹。禁止穿越和擅自移动遮栏。

（12）多人进行同时工作，呼应困难时，应设专人指挥，并明确指挥方式。使用通信工具时，需要事先检查通信工具。

（13）及时提醒、加强监护，防止误登带电设备和误碰触电。工作班成员应互相照应、互相监护，及时提醒纠正违规动作。

4. 工作终结

（1）工作全部完毕，工作负责人应清点全部作业人员人数、姓名与工作票上的信息相符，并全部退出现场，确认现场安全措施已全部拆除，具备送电条件，方可办理工作票终结手续。

（2）禁止以传话、带信的方式清点人数，防止工作未完、人员没有全部撤离而误办工作终结手续，送电伤人。

（3）工作终结报告应简明扼要，使用规范的调度术语，并包括下列内容：工作负责人姓名某线路上某处（说明起止杆号、分支线名称等）工作已完工，设备改动情况，工作地点所挂的接地线、个人保安线已全部拆除，线路上已无本班组工作人员和遗留物，可以送电。

（4）工作许可人在接到所有工作负责人（包括用户）的完工报告，并确认全部工作已经完毕，所有工作人员已由线路上撤离，接地线已全部拆除，与记录簿核对无误并做好记录后，方可下令拆除各侧安全措施，向线路恢复送电。

5. 特殊（复杂）作业监督重点

（1）电缆沟挖掘工作：

1）挖掘电缆沟前，应与地下管道、电缆的主管部门联系，明确地下设施实际位置，做好防范措施；

2）向施工人员交代清楚现场情况并加强监护；

3）挖掘过程中碰到地下物体，不得擅自处理，验明清楚，得到许可后再进行；

4）在电缆路径上挖掘，不得使用尖镐、风钻，挖到电缆盖板后应由有经验人员在现场指导，防止损伤电缆；

5）施工人员只能在规定范围内工作；

6）挖掘电缆沟，现场应有醒目安全标志和围栏，挖出的土堆斜坡上不得放置工具、材料等杂物，沟边应留有通道；

7）在挖掘电缆沟深度超过 1.5m 时，抛土要特别注意防止土石回落伤人；

8）在松软土层挖沟，应有防止塌方措施，禁止由下部掏挖土层；

9）在居民区及交通要道附近挖沟时，应设围栏或沟盖，留有人员及车辆通道，夜间必须挂警示红灯；

10）在煤气管线附近挖掘时，至少应由 2 人进行，监护人必须注意挖土人，防止其煤气中毒；

11）在垃圾堆处挖掘时，至少应由 2 人进行，监护人必须注意挖土人，防止其沼气等有害气体中毒。

（2）电缆运输、装卸工作：

1）电缆盘禁止平放运输，吊车装卸电缆时，起重工作必须统一指挥；

2）电缆盘必须挂牢吊钩，人员撤离后才起吊；

3）在起重区域内不得有与工作无关人员行走或停留，起吊时不得有人员在吊臂和吊物下停留或行走；

4）重物放稳后方可摘钩，运输过程中电缆盘必须捆绑牢固，禁止客货混载；

5）卸电缆必须使用吊车或将其沿着坚固的铺板渐渐滚下，与电缆盘相反方向的制动绳必须满足牵引力，并固定在牢固地点，电缆盘下方禁止站人，不允许将电缆盘从车上直接推下；

6）所选用的吊车吨位应与被吊物重量相匹配，禁止超限；

7）吊车支腿全部打开，必须稳固，禁止在井盖、沟盖板上支腿；

8）吊车起重臂、钢绳和被吊物应与建筑物、构架、线路等保持足够的安全距离。

（3）人力敷设电缆工作：

1）电缆沟边应有人工牵引电缆的平整通道；

2）电缆需要穿过道管时，过道管应预敷牵引绳；

3）电缆盘及放线架应固定在硬质平整的地面上，电缆应从电缆盘上方牵引，放线轴杠上端必须打好临时拉线；

4）电缆盘必须设专人看守，电缆盘滚动时禁止用手制动；

5）肩扛敷设电缆的人应站在电缆同一侧，合理分配肩扛点距离，禁止把电缆放在地面上拖拉；

6）电缆穿入保护管时，输送电缆人的手与管口应保持一定距离；

7）盖设电缆保护盖板时，应使用专用工具，防止人身伤害。

（4）电缆头制作、试验工作：

1）工作前，必须核对所涉及的线路命名编号、开关编号、杆号、电气设备名称；

2）必须核对环网柜命名编号、间隔命名编号并检查带电指示器的显示，应有工作负责人进行监护；

3）制作中间接头时，接头坑边应留有通道，坑边不得放置工具、材料，传递物件应递接递放；

4）使用喷灯应检查喷灯本体无漏气或堵塞；喷灯加油不得超过桶容积的3/4，禁止在明火附近放气或加油，点火时先将喷灯嘴预热，使用喷灯时，喷灯嘴不准直对人体及设备，打气不得超压；配置适当的消防器材；

5）喷灯使用完毕，应立即放气，放置在安全地点，冷却后装运；

6）试验前后，必须对试验电缆充分放电；

7）试验现场必须设置足够的警示围栏，试验人员与试验设备高压部分必须保持足够的安全距离，应保证至少有2名试验人员在场进行试验；

8）试验装置的金属外壳应可靠接地；

9）加压前必须检查试验接线；

10）必须确认同沟的电缆线路命名编号；

11）必须核对接地箱上的挂牌。

（5）挖掘及处理故障电缆：

1）挖掘电缆工作应由有经验人员交代清楚后才能进行，挖到电缆盖板后有经验人员应在场指导；

2）锯断电缆前，应与电缆原始资料图纸核对，并采取措施用两种以上定点法复试，判断电缆的故障点，有疑问时不得盲目锯断电缆；

3）确定判断后，应用带绝缘柄的接地铁钉打入电缆芯，放电后开始工作，扶电缆的人应戴绝缘手套，站在绝缘垫上，并采取防灼伤措施；

4）使用电缆扎伤仪时，应在同一地点进行多次扎伤试验，每次扎伤后，应间隔一段时间以观察电缆有无异常。

附录 A
标准化作业指导书（卡）范例

电缆线路运行作业指导书（卡）

一、范围

本指导书规定了电缆线路运行人员的技能、程序、报告和记录等方面的要求。本作业指导书规定了电缆线路运行工作要求。

本指导书适用于110~220kV电缆线路定期运行巡视、非定期运行巡视、单芯电力电缆接地系统检测等运行工作。35kV电缆线路可参照执行。

二、规范性引用文件

下列文件中的条款通过本指导书的引用而成为本指导书的条款。凡是注日期的引用文件，其随后所有的修改单（不包括勘误的内容）或修订版均不适用于本指导书。凡是不注日期的引用文件，其最新版本适用于本指导书。

GB 311.1—2012 《绝缘配合 第一部分：定义、原则和规程》。

GB/T 12706.1—2020 《额定电压 1kV（U_m=1.2kV）到 35kV（U_m= 40.5kV）挤包绝缘电力电缆及附件 第1部分：额定电压 1kV（U_m=1.2kV）和 3kV（U_m=3.6kV）电缆》

GB/T 23858—2009 《检查井盖》

GB/T 2952.2—2008 《电缆外护层》

GB/T 38550—2020 《城市综合管廊运营服务规范》

GB 50168—2018 《电气装置安装工程电缆线路施工及验收标准》

GB 50217—2018 《电力工程电缆设计规范》

JJF 1075—2015 《钳形电流表校准规范》

JJF 1587—2016 《数字多用表校准规范》

DL/T 393—2021 《输变电设备状态检修试验规范》

DL/T 5221—2016 《城市电力电缆线路设计技术规范》

DL/T 5484—2013 《电力电缆隧道设计规范》

DL/T 664—2016 《带电设备红外诊断应用规范》

DL/T 907—2018 《热力设备红外检测导则》

Q/GDW 1512—2022 《电力电缆及通道运维规程》

Q/GDW 1799.1—2013 《国家电网公司电力安全工作规程 变电部分》

Q/GDW 1799.2—2013 《国家电网公司电力安全工作规程 线路部分》

Q/GDW 371—2009 《10（6）kV~500kV 电缆技术标准》

Q/GDW 454—2010 《金属氧化物避雷器状态评价导则》

Q/GDW 456—2010 《电缆线路状态评价导则》

Q/GDW 643—2011 《配网设备状态检修试验规程》

《浙江省电力设施保护办法》

三、运行人员技能要求

（1）熟悉 Q/GDW 1799.1—2013《国家电网公司电力安全工作规程 变电部分》、Q/GDW 1799.2—2013《国家电网公司电力安全工作规程 线路部分》、Q/GDW 512—2022《电力电缆及通道运维规程》。

（2）应熟练掌握本专业作业技能及 Q/GDW 1799.1—2013《国家电网公司电力安全工作规程 变电部分》、Q/GDW 1799.2—2013《国家电网公司电力安全工作规程 线路部分》、Q/GDW 512—2022《电力电缆及通道运维规程》知识，经年度《国家电网公司电力安全工作规程》考试合格，持有本专业职业资格证书，熟悉本线路的运行环境及接线方式。

（3）应熟悉并掌握《中华人民共和国电力法》《浙江省电力设施保护条例实施细则》等相关法律法规知识。

（4）应身体健康，精神状态良好，心态正常，工作责任心强，有一定的对外协调处理能力。

（5）应学会紧急救护法，特别要掌握触电紧急救护知识。

四、现场作业程序卡

（一）电缆线路定期运行巡视作业程序卡

1. 运行人员配备

每次巡视至少1人，电缆隧道、偏僻山区、夜间及恶劣天气巡视至少2人。

2. 主要工器具和资料配备（见表A-1）

表A-1 主要工器具和资料配备

序号	名称	规格	单位	数量	备注
1	望远镜		部	1	随车配备
2	绝缘靴、绝缘手套		双、副	各2	校验合格，在校验周期内
3	安全帽		顶	2	校验合格，在校验周期内
4	通信工具		部	1	
5	巡视检查接地箱或终端站需要的各类钥匙		套	1	
6	数码相机		部	1	
7	防水带、相色带、防火带、绝缘带		卷	各10	随车配备
8	大卡钳		把	1	随车配备
9	安全标识牌		块	4	随车配备
10	安全警示带		盘	2	随车配备
11	钳形电流表		只	1	校验合格，在校验周期内
12	数字万用表		只	1	校验合格，在校验周期内
13	红外测温仪		套	1	校验合格，在校验周期内
14	灭火器（干粉）		瓶	1	校验合格，在校验周期内（随车配备）
15	手电筒、应急灯		只	1	
16	口哨		只	1	
17	登山杖		个	1	

续表

序号	名称	规格	单位	数量	备注
18	万能扳手		套	1	
19	应急医药箱		个	1	随车配备
20	现场交底记录		本	1	
21	电力设施保护告知书		本	1	
22	整改通知书		本	1	
23	记录文件夹		本	1	

3. 工作前准备

作业前，作业人员应做好本次作业的准备工作，其主要内容如下。

（1）相关资料。详细查阅有关路径图、排列图及隐蔽工程的图纸资料，掌握所巡电缆线路型号、长度、接头数量、接头安装位置、接地方式、历史故障情况及相关变更记录；查阅历史巡视记录，分析以往记录，确定巡视重点和要点。

（2）工作票及任务单。运行负责人根据现场情况等相关资料，签发工作任务单，作业人员（设备主人）确认无误后接收工作任务单。

（3）危险点分析预控（见表 A-2）。

表 A-2 危险点分析预控

序号	危险点	控制及防范措施
1	交通意外	过马路、铁路时，要注意瞭望，遵守交通法规、以免发生交通意外事故
2	触电伤害	作业人员进行接地箱开门检查时，应戴绝缘手套，站在绝缘垫上，禁止裸手直接接触带电设备，避免人身伤害。作业人员进入终端站（塔）、T 接平台内作业，需与带电设备保持足够的安全距离，以免感应电触电
3	人身伤害	进入电缆竖井、隧道，巡视人员应避免有害气体造成的缺氧窒息和沼气爆炸。作业人员应戴安全帽，做好防火、防水及防高空落物等措施，井口应有专人看守
4	机械伤害	在外单位管线施工监护指导中，巡视人员应注意防范机械施工工具及其他不可预计因素的伤害

续表

序号	危险点	控制及防范措施
5	其他	在郊区、城乡接合部、绿化带、灌木丛中电缆通道巡线，应防止被狗、蛇咬和蜂蜇

4. 三交三查

作业前，班组长应组织班前会，召集作业人员进行"三交三查"工作，根据任务单合理安排巡视作业，包括交代巡线任务、安全措施和技术措施，进行危险点告知，检查人员精神状况和巡视工作准备情况。

5. 内容和要求（见表 A-3）

表 A-3 "三交三查"内容及要求

序号	作业内容	作业工序	作业要求
1	电缆及附属设备巡视	终端巡视	（1）检查电气连接点固定件有无松动、锈蚀，引出线连接点有无发热现象；终端应力锥部位是否发热（必要时对连接点和应力锥部位进行红外测温仪测量温度）。 （2）检查电缆终端表面有无放电、污秽现象；终端密封是否完好；终端绝缘管材有无开裂；套管及支撑绝缘子有无损伤，是否存在漏油现象；套管外绝缘爬距是否满足要求。 （3）法兰盘同终端头尾管、电缆头支架、电缆套管应紧固，无锈蚀。 （4）有补油装置的交联电缆终端应检查油位是否在规定范围内；检查 GIS 筒内有无放电声响，必要时测量局部放电。 （5）相色标识清晰、无脱落，金属部件外观表面无损伤。 （6）固定电缆金具无锈蚀、变形、丢失。 （7）电缆引上部分 PE 层无损伤，防火措施完好，电缆保护管完好。 （8）围栏无损坏，设施完整，无大型的灌木生长和藤、蔓等攀附物攀爬，无不满足安全距离的异物。 （9）终端杆、塔无私拉乱接现象，终端杆塔及围墙没有下沉和歪斜现象，终端带电裸露与邻近物（树木、建筑物及其他）应保持足够的安全距离。 （10）电缆终端是否有倾斜现象，引流线不应过紧。 （11）室内 GIS 终端无渗漏油，各档抱箍固定良好，门窗防小动物设施完整，房顶及墙壁无渗水，防火措施到位。

续表

序号	作业内容	作业工序	作业要求
1	电缆及附属设备巡视	终端巡视	（12）充油电缆应检查油压报警系统是否正常运行，油压是否在规定范围之内
		接地系统巡视	（1）接地系统各接地箱完整，箱内电气连接设施完整，基础牢固，无缺损情况。 （2）终端接地电缆同终端头尾管、接地箱、接地极间应紧固良好，无锈蚀，接地装置外观检查良好。 （3）终端接地箱密封良好无严重锈蚀，外壳及接地引出线与接地极接触良好、牢固，固定螺丝无严重锈蚀。 （4）终端接地电缆与主电缆本体绑扎恰当且紧固，各档抱箍固定良好。 （5）接地箱内同轴电缆、保护电缆、接地电缆、回流缆完整，连接处牢固，外皮无损伤，接地电缆与接地极接触牢固，固定螺丝无明显锈蚀。 （6）中间接头接地箱无损伤，无锈蚀，密封完好，接地良好，保护器完好无损。 （7）交叉互联换位是否正确，母排与接地箱外壳绝缘
		避雷器巡视	（1）引下搭头线和连接点无变动或发热现象，引下线无散股或断股，形状无变形。 （2）套管应完整，表面无放电痕迹，检查并记录放电计数器的计数值。 （3）检查泄漏电流是否在正常运行允许范围值内。 （4）避雷器无倾斜现象，底座金属无锈蚀或油漆脱落；避雷器均压环无缺失、脱落或移位现象
2	电缆附属设施巡视	电缆沟（工井）、通道巡视	（1）查看路面是否正常，有无开挖痕迹，沟盖、井盖有无缺损；查看电缆路通道上是否堆置瓦砾、矿渣、建筑材料、笨重物件、酸碱性排泄物或砌石灰坑、建房等。 （2）电缆沟（工井）内无积水和杂物，电缆支架牢固可靠，无严重锈蚀，电缆排列有序，阻火墙完好。 （3）两侧孔洞封堵严密，防火水泥砂不流失，冲砂量充足。 （4）全线电缆沟、井应无挖掘痕迹。电缆沟、工井表面无违章建筑物、堆积物、酸碱性等腐蚀物。沟体无倾斜、变形及塌陷。 （5）电缆沟内无刺激性气味。 （6）工井内应无积水、无积油、无杂物，墙体无坍塌破损现象。电缆应排列整齐，固定可靠，支架及金属件无锈蚀，防火设施、涂料、阻火墙完好。

续表

序号	作业内容	作业工序	作业要求
2	电缆附属设施巡视	电缆沟（工井）、通道巡视	（7）地下水位较高、工作井内易积水的区域敷设的电缆应采用阻水结构。 （8）电缆沟、工井（中间接头工井）沿线应能正常打开，便于施工及检修；竖井爬梯应无锈蚀、损坏。 （9）检查电缆保护区内是否有热力管道或易燃易爆管道泄漏现象。 （10）检查在电缆保护区范围内，平行或交叉施工的施工单位采取的安全措施是否到位。 （11）沟（井）内PE外护层无损伤痕迹，进出管口电缆无压伤变形，电缆无扭曲变形，保证电缆弯曲半径不小于20D（D为电缆外径）。 （12）多根并列电缆相间距离正常，以免某条电缆发热故障影响其他电缆。 （13）进入电缆竖井内，首先采取措施后方可继续工作，即排除井内沼气，戴安全帽，井口应有专人看守，检查时如有刺激性气味或身体不适，应迅速离开工作现场。 （14）中间接头及两端电缆防火涂料无脱落，防火包带无松弛，多条电缆线路共用防火隔墙应完好。 （15）现场认真检查有无白蚁咬伤电缆
		隧道巡视	（1）进入前，应开启通风（至少15 min）和照明设施，通风、照明、排水设施应完好，孔洞封堵严密，无积水、杂物等，隧道内无严重渗、漏水。 （2）电缆位置正常，无扭曲，PE层无损伤，电缆运行标识清晰齐全；防火墙、防火涂料、防火包带应完好无缺，防火门开启正常。 （3）中间接头无变形，防水密封良好；接地箱无锈蚀，密封良好；同轴电缆、保护电缆、接地电缆外皮无损伤，密封良好，接触牢固；接地引线无断裂，紧固螺丝无锈蚀，接地可靠。 （4）电缆固定夹具构件、支架，应无缺损、无锈蚀，应牢固无松动。 （5）现场认真检查有无白蚁、老鼠咬伤电缆。 （6）检查隧道投料口、线缆孔洞封堵是否完好。 （7）隧道结构应坚实牢固，无开裂或漏水痕迹。 （8）隧道内其他管线无异常状况。 （9）检查隧道通风、照明、排水、消防、通信、监控、测温等系统或设备是否运行正常，是否存在隐患和缺陷。

续表

序号	作业内容	作业工序	作业要求
2	电缆附属设施巡视	隧道巡视	（10）汛期关注隧道出入口防水挡板是否全部安装。 （11）排水系统功能是否正常，逆止阀是否堵塞
		钢架桥/钢管桥巡视	（1）桥上钢材应齐全，钢管桥本体无开裂痕迹，两侧基础无明显变化，附属管材无明显老化，钢材桥架和连接螺丝无缺损、无锈蚀。 （2）桥上电缆外观正常完好，两侧围栏无缺损、无锈蚀。 （3）桥上电缆固定夹具无缺损、无锈蚀，应牢固无松动，构件、支架无发热现象。 （4）检查电缆桥架是否出现倾斜、基础下沉、覆土流失等现象，桥架与过渡工作井之间是否存在裂缝和错位现象
		顶管区域巡视	（1）区域水上作业有无大型钻探或者水下隧道等施工，两侧引上岸周边有无开裂痕迹或者开挖施工。 （2）区域地面作业有无大型钻探或者地下隧道等施工，两侧引上部分周边有无开挖施工。 （3）有无其他危及电缆安全的施工作业
		水（海）底电缆区域巡视	（1）检查两边岸上露出部分有无变动。 （2）保护区内有无危及挖砂、钻探、打桩、抛锚、拖锚、底拖捕捞、张网、养殖或者其他可能破坏水（海）底电缆管道安全的水（海）上作业
		标志物巡视	（1）中间接头、相间运行标志、线路名称、相位标牌齐全清晰；接地箱线路名称、相位标识清晰。 （2）终端塔（杆）线路铭牌完整，相位标识清晰。 （3）室内 GIS 终端线路铭牌完整、相位正确。 （4）终端围栏无损坏，设施完整，警告标志、指示标志齐全。 （5）全线电缆构筑物标志砖、警告牌路径指示正确，安装地段妥善，安装距离恰当，标牌数量适中。 （6）电缆挂牌上的标识应清晰，电缆警示标牌齐全。 （7）隧道内电缆运行标识清晰齐全。 （8）桥上电缆两侧围栏指示标志、警告标志齐全。 （9）检查顶管、水（海）底电缆两侧标志是否齐全。 （10）钢管桥两侧有限高标志

续表

序号	作业内容	作业工序	作业要求
3	巡视终结	巡视记录及结果初判	（1）在电缆线路巡视工作记录单中做好相应记录。 （2）对存在安全隐患的一般、重大缺陷应填写电缆缺陷传送单，发现紧急缺陷应立即汇报并及时做好图片资料拍摄收集工作。 （3）对电缆构筑物上外单位的开挖施工，应根据安全隐患的影响程度做好"现场交底记录"、"电力设施保护告知书"和"整改通知书"的及时签署

（二）电缆线路非定期运行巡视作业程序卡

1. 运行人员配备

视巡视作业的具体情况配备运行人员。

2. 主要工器具和资料配备（见表 A-4）

表 A-4 主要工器具和资料配备

序号	名称	规格	单位	数量	备注
1	望远镜		部	1	随车配备
2	绝缘靴、绝缘手套		双、副	各2	校验合格，在校验周期内
3	安全帽		顶	2	校验合格，在校验周期内
4	通信工具		部	1	
5	巡视检查接地箱或终端站需要的各类钥匙		套	1	
6	数码相机		部	1	
7	防水带、相色带、防火带、绝缘带		卷	各10	随车配备
8	大卡钳		把	1	随车配备
9	安全标识牌		块	4	随车配备
10	安全警示带		盘	2	随车配备
11	钳形电流表		只	1	校验合格，在校验周期内

续表

序号	名称	规格	单位	数量	备注
12	数字万用表		只	1	校验合格，在校验周期内
13	红外测温仪		套	1	校验合格，在校验周期内
14	灭火器（干粉）		瓶	1	校验合格，在校验周期内（随车配备）
15	手电筒、应急灯		只	1	
16	口哨		只	1	
17	登山杖		个	1	
18	万能扳手		套	1	
19	应急医药箱		个	1	随车配备
20	现场交底记录		本	1	
21	电力设施保护告知书		本	1	
22	整改通知书		本	1	
23	记录文件夹		本	1	

3. 工作前准备

作业前，作业人员应做好本次作业的准备工作，其主要内容如下。

（1）相关资料。熟悉基础资料：详细查阅有关路径图、排列图及隐蔽工程的图纸资料，掌握所巡电缆线路型号、长度、接头数量、接头安装位置、接地方式、历史故障情况及相关变更记录；查阅历史巡视记录，对以往记录进行分析，确定巡视重点和要点。

（2）工作票及任务单。运行负责人根据现场情况等相关资料，签发工作任务单，作业人员（设备主人）确认无误后接收工作任务单。

（3）危险点分析预控（见表 A–5）。

表 A–5 危险点分析预控

序号	危险点	控制及防范措施
1	交通意外	过马路、铁路时，要注意瞭望，遵守交通法规、以免发生交通意外事故

续表

序号	危险点	控制及防范措施
2	触电伤害	作业人员进行接地箱开门检查时，应戴绝缘手套，站在绝缘垫上，禁止裸手直接接触带电设备，避免人身伤害。作业人员进入终端站（塔）、T接平台内作业，需与带电设备保持足够的安全距离，以免感应电触电
3	人身伤害	进入电缆竖井、隧道，巡视人员应避免有害气体造成的缺氧窒息和沼气爆炸。作业人员应戴安全帽，做好防火、防水及防高空落物等措施，井口应有专人看守
4	机械伤害	在外单位管线施工监护指导中，巡视人员应注意防范机械施工工具及其他不可预计因素的伤害
5	其他	在郊区、城乡接合部、绿化带、灌木丛中电缆通道巡线，应防止被狗、蛇咬和蜂蜇

4. 三交三查

作业前，班组长应组织班前会，召集作业人员进行"三交三查"工作，根据任务单合理安排巡视作业，包括交代巡线任务、安全措施和技术措施，进行危险点告知，检查人员状况和巡视工作准备情况。

5. 内容和要求（见表A-6）

表A-6 内容和要求

序号	作业内容	作业要求
1	保供电/特殊运行方式巡视	（1）检查电气连接点固定件有无松动、锈蚀，引出线连接点有无发热现象；终端应力锥部位是否发热（必要时对连接点和应力锥部位进行红外测温仪测量温度）。 （2）检查电缆终端表面有无放电、污秽现象；终端密封是否完好；终端绝缘管材有无开裂；套管及支撑绝缘子有无损伤，是否存在漏油现象；套管外绝缘爬距是否满足要求。 （3）法兰盘同终端头尾管、电缆头支架、电缆套管应紧固，无锈蚀。 （4）有补油装置的交联电缆终端应检查油位是否在规定范围内；检查GIS筒内有无放电声响，必要时测量局部放电。 （5）终端杆、塔及围墙没有下沉和歪斜现象，终端带电裸露与邻近物（树木、建筑物及其他）应保持足够的安全距离。 （6）盖板应齐全、完整，无破损，封盖严密，电缆井盖无破损、无丢失。

续表

序号	作业内容	作业要求
1	保供电/特殊运行方式巡视	（7）全线电缆沟、井应无挖掘痕迹。沟、工井表面无违章建筑物、堆积物、酸碱等腐蚀物；沟体无倾斜、变形及塌陷。 （8）隧道内通风、照明、排水设施应完好，孔洞封堵严密，无积水、杂物等，隧道内无严重渗、漏水。 （9）桥上钢材应齐全，钢管桥本体无开裂痕迹，两侧基础无明显变化，附属管材无明显老化，桥架与过渡工作井之间无裂缝或错位。 （10）顶管区域、水（海）底电缆水域无其他危及电缆安全的施工作业。 （11）避雷器套管应完整，表面无放电痕迹，放电计数器的计数值正常；避雷器无倾斜现象，底座金属无锈蚀或油漆脱落；避雷器均压环无缺失、脱落或移位现象。 （12）接地系统各接地箱完整，箱内电气连接设施完整，无偷盗缺损情况。 （13）终端测温温度正常、接地系统环流测试无异常
2	危险点特巡	（1）电缆通道旁无危及电缆运行安全的道路扩建改造、房屋拆除、大楼建造、地下建筑建设、河道整治等施工。 （2）保护区范围及附近无危及电缆运行安全的煤气、污水、自来水、电信、热力、电力等其他地下管线施工
3	巡视终结	（1）在"电缆线路巡视工作记录单"上做好相应记录。 （2）及时做好危险点图片资料摄取收集工作。 （3）对电缆通道旁外单位的开挖施工，应及时进行图纸、路径交底，有必要时予以制止。根据安全隐患的影响程度做好"现场交底记录"、"电力设施保护告知书"和"整改通知书"的签署工作

五、报告和记录

（1）本指导书发生的报告和记录汇总见表 A-7。

表 A-7 报告和记录汇总

序号	记录编号	记录名称	保管场所	保存期限	保存形式	备注
1	具体编号	工作任务单	班组生技	1年	书面、电子文档	

附录 A 标准化作业指导书（卡）范例

续表

序号	记录编号	记录名称	保管场所	保存期限	保存形式	备注
2	具体编号	班组工作内容安全措施教育记录	班组	1年	书面、电子文档	
3	具体编号	电力电缆第二种工作票	班组生技	1年	书面、电子文档	

（2）本指导书发生的相关报告和记录汇总见表 A-8。

表 A-8 报告和记录汇总

序号	记录编号	记录名称	保管场所	保存期限	保存形式	备注
1	具体编号	电缆线路巡视工作记录单	班组生技	1年	书面、电子文档	
2	具体编号	电缆线路缺陷传送单	班组生技	2年	书面、电子文档	
3	具体编号	电力设施保护告知书	班组生技	2年	书面、电子文档	
4	具体编号	整改通知书	班组生技	2年	书面、电子文档	
5	具体编号	施工安全协议	班组生技	2年	书面、电子文档	
6	具体编号	单芯电力电缆接地系统检测报告	班组生技	至线路退役	书面、电子文档	

附录 B
作业现场处置方案范例

【方案一】作业人员应对突发高处坠落现场处置方案

一、工作场所

××公司××高处作业现场。

二、事件特征

作业人员在高处作业时，从高处坠落至地面、高处平台或悬挂空中，造成人身伤害。

三、现场人员应急职责

1. 现场负责人
（1）组织救助伤员。
（2）汇报事件情况。
2. 现场其他人员
救助伤员。

四、现场应急处置

1. 现场应具备条件
（1）通信工具及上级、急救部门电话号码。
（2）急救箱及药品。

2. 现场应急处置程序及措施

（1）作业人员坠落至高处或悬挂在高处时，现场人员应立即使用绳索或其他工具将坠落者解救至地面进行检查、救治；如果暂时无法将坠落者解救至地面，应采取措施防止坠落者脱出坠落。

（2）人体若被重物压住，应立即利用现场工器具使伤员迅速脱离重物，现场施救困难时，应立即向上级部门请求救援或拨打110请求救援。

（3）高处坠落伤害事件发生后，应采取措施将受伤人员转移至安全地带。

（4）对于坠落地面人员，现场人员应根据伤者情况采取止血、固定、心肺复苏等相应急救措施。

（5）送伤员到医院救治或拨打120急救电话求救。

（6）向上级部门汇报高处坠落人员受伤及救治等情况。

五、注意事项

（1）对于坠落昏迷者，应采取按压人中、虎口或呼叫等措施使其保持清醒状态。

（2）解救高处伤员过程中要不断与之交流，询问伤情，防止昏迷，并对骨折部位采取固定措施。

六、联系电话（见表 B-1）

表 B-1　各部门联系电话

序号	部门	联系人	电话
1	医疗急救		120
2	救援报警		110
3	本单位安监部门		
4	本单位领导		

【方案二】作业人员应对电缆隧道防汛应急抢险现场处置方案

一、工作场所

××公司××电缆隧道。

二、事件特征

汛期隧道外部降雨量短时间内骤增，导致洪水超过隧道防洪标准，发生洪水倒灌现象，作业人员被困。

三、现场人员应急职责

1. 现场负责人

（1）组织开展救援工作。

（2）向上级部门汇报现场救援情况。

2. 现场其他人员

做好被困人员的救援工作。

四、现场应急处置

1. 现场应具备条件

（1）通信工具及上级、急救部门电话号码。

（2）电工工器具、绝缘鞋、绝缘手套等安全工器具。

（3）抽水泵、救生衣等防汛物资。

（4）急救箱及药品。

2. 现场应急处置程序及措施

（1）作业人员应立即撤离现场。如有人受伤应大声呼救、自救，在保证人员安全的情况下，完成隧道出入口防汛围堵工作。

（2）采取有效措施，尽快解救被困人员，并转移被困人员至安全地点。发现被困人员难以施救时，及时拨打110请求救援。

（3）根据伤员出血、骨折、休克等不同情况，现场采取止血、固定、人工呼吸等相应急救措施。

（4）送伤员到医院救治或拨打120急救电话求救。

（5）设立危险警戒区域，禁止无关人员进入。

（6）将事件发生的时间、地点、初步判断的原因、人员伤亡等情况汇报上级。

五、注意事项

（1）全部受困人员脱险后，应现场清点人数，核查作业人员是否全部撤离。

（2）救护、运送伤员时尽可能使用担架方式，避免伤员受到二次伤害。

（3）在医务人员未接替救治前，不应放弃现场抢救。

六、联系电话（见表B-2）

表B-2　各部门联系电话

序号	部门	联系人	电话
1	医疗急救		120
2	救援报警		110
3	本单位安监部门		
4	本单位领导		

【方案三】作业人员应对突发高压触电事故现场处置方案

一、工作场所

××公司××作业现场。

二、事件特征

作业人员在电压等级 1000V 及以上的设备上工作，发生触电，造成人员伤亡。

三、现场人员应急职责

1. 现场负责人

（1）组织抢救触电人员。

（2）向上级部门汇报触电事故情况。

2. 现场人员

抢救触电人员。

四、现场应急处置

1. 现场应具备条件

（1）通信工具及上级、急救部门电话号码。

（2）电工工器具、绝缘鞋、绝缘手套等安全工器具。

（3）急救箱及药品。

2. 现场应急处置程序及措施

（1）现场人员立即使触电人员脱离电源。一是立即通知有关部门（调控或运维值班人员）或用户停电。二是戴上绝缘手套，穿上绝缘靴，用相应电压等级的绝缘工具按顺序拉开电源开关、熔断器或将带电体移开。三是采取相应措施使保护装置动作，断开电源。

（2）如触电人员悬挂高处，现场人员应尽快解救其至地面；如暂时不能解救至地面，应考虑相关防坠落措施，并拨打 110 求救。

（3）根据触电人员受伤情况，采取止血、固定、人工呼吸、心肺复苏等相应急救措施。

（4）如触电者衣服被电弧光引燃，应利用衣服、湿毛巾等迅速扑灭其身上的火源，着火者切忌跑动，必要时可就地躺下翻滚，使火扑灭。

（5）现场人员将触电人员送往医院救治或拨打 120 急救电话求救。

（6）向上级部门汇报触电人员受伤及抢救情况。

五、注意事项

（1）禁止直接用手、金属及潮湿的物体接触触电人员。

（2）救护人在救护过程中要注意自身和被救者与附近带电体之间的安全距离（高压设备接地时，室内安全距离为 4m，室外安全距离为 8m），防止再次触及带电设备或跨步电压触电。

（3）解救高处伤员过程中要询问伤员伤情，并对骨折部位采取固定措施。

（4）在医务人员未接替救治前，不应放弃现场抢救。

六、联系电话（见表 B-3）

表 B-3　各部门联系电话

序号	部门	联系人	电话
1	医疗急救		120
2	救援报警		110
3	本单位安监部门		
4	本单位领导		

【方案四】作业人员应对突发坍（垮）塌事件现场处置方案

一、工作场所

××公司××生产、基建（作业）现场。

二、事件特征

基建、生产作业现场发生跨越架、脚手架坍（垮）塌事件，造成人员伤亡和设备损坏。

三、现场人员应急职责

1. 现场负责人

（1）组织现场人员抢救。

（2）向上级汇报事故情况。

2. 现场作业人员

救助伤员。

四、现场应急处置

1. 现场应具备条件

（1）通信工具及上级、急救部门电话号码。

（2）急救箱及药品。

（3）应急照明器具。

2. 现场应急处置程序及措施

（1）发生坍（垮）塌事故时，作业人员应立即撤离现场。如有人受伤应大声呼救、自救，在保证人员安全的情况下，对未坍塌部位采取加固措施，防止坍（垮）塌范围扩大。

（2）采取有效措施，尽快解救被困人员，并转移其至安全地点。发现被困人员难以施救时，及时拨打110请求救援。

（3）根据伤员出血、骨折、休克等不同情况，现场采取止血、固定、人工呼吸等相应急救措施。

（4）送伤员到医院救治或拨打120急救电话求救。

（5）设立危险警戒区域，禁止无关人员进入。

（6）将事件发生的时间、地点、初步判断的原因、坍塌程度、人员伤亡等情况汇报上级。

五、注意事项

（1）应急救护人员进入事故现场必须听从现场负责人指挥，要做好防止再次坍（垮）塌措施；用吊车、挖掘机等机械施救，要有专人指挥和监护，并做好防止机械伤害被救人员的措施。

（2）解救悬空被困者时尽可能使用吊篮方式；救护、运送伤员时尽可能使用担架方式，避免伤员受到二次伤害。

六、联系电话（见表 B-4）

表 B-4　各部门联系电话

序号	部门	联系人	电话
1	医疗急救		120
2	救援报警		110
3	工程管理部门		

【方案五】工作人员应对有毒气体中毒事件现场处置方案

一、工作场所

××公司作业现场。

二、事件特征

作业人员现场挖断煤气管线，导致煤气泄漏，致使作业施工人员一氧化碳中毒。

三、现场人员应急职责

1. 现场负责人

（1）组织现场人员抢救。

（2）向上级汇报事故情况。

2. 现场作业人员

救助伤员。

四、现场应急处置

1. 现场应具备条件

（1）通信工具及上级、急救部门电话号码。

（2）防毒面罩、空气呼吸器。

（3）救护药箱、担架。

2. 现场应急处置程序及措施

（1）作业人员迅速撤离现场，转移至上风处。

（2）及时将中毒人员救出事故现场，转移其至空气新鲜的地方进行救治。

（3）对呼吸心跳停止者立即进行人工呼吸和胸外心脏按压，并肌注呼吸兴奋剂、山梗菜碱或二甲弗林（回苏灵）等，同时给氧。

（4）中毒人员自主呼吸、心跳恢复后方可送往医院。

（5）向上级汇报人员受伤及救治等情况。

五、注意事项

（1）通知煤气管线单位到场修复管线，避免现场人员二次中毒，防止事故危害扩大。

（2）现场有毒有害气体浓度较大时，救护人员必须佩戴空气呼吸器，不得使用防毒面罩。

六、联系电话（见表 B-5）

表 B-5　各部门联系电话

序号	部门	联系人	电话
1	医疗急救		120
2	本单位安监部门		
3	本单位领导		

【方案六】工作人员应对突发交通事故现场处置方案

一、工作场所

××公司××车辆行驶途中。

二、事件特征

工作车辆在行驶途中发生交通事故，车辆受损、人员伤亡。

三、现场人员应急职责

1. 驾驶员

（1）采取防次生事故措施。

（2）组织营救伤员，向有关部门报警。

（3）汇报本单位车辆管理部门，并保护现场。

2. 乘坐人员

（1）协助现场处置。

（2）当驾驶员伤亡时，履行驾驶员职责。

四、现场应急处置

1. 现场应具备条件

（1）通信工具，上级及公安消防部门电话号码。

（2）照明工具、灭火器、千斤顶、安全警示标志等工器具。

（3）急救箱及药品。

2. 现场应急处置程序及措施

（1）发生交通事故后，驾驶员立即停车，拉紧手制动，切断电源，开启双闪警示灯，在车后 50~100m 处设置危险警告标志，夜间还需开启示廓灯和尾灯；组织车上人员疏散到路外安全地点。

（2）检查人员伤亡和车辆损坏情况，利用车辆携带工具解救受困人员，转移其至安全地点；解救困难或人员受伤时向公安、急救部门报警求助。

（3）现场抢救伤员，根据伤情采取止血、固定、预防休克等急救措施。

（4）事故造成车辆着火时，应立即救火，并做好预防爆炸的安全措施。

（5）驾驶员将事故发生的时间、地点、人员伤亡等情况汇报本单位车辆管理部门。

（6）配合交警开展事故原因调查和责任界定。

五、注意事项

（1）在救治和转移伤员过程中，采取固定等措施，防止伤员伤情加重。

（2）发生交通事故时要保持冷静，记录肇事车辆车牌、肇事司机等信息，保护好事故现场，并用手机、相机等设备对现场拍照，依法合规配合做好事件处理。

（3）在无过往车辆或救护车的情况下，可以动用肇事车辆运送伤员到医院救治，但要做好标记，并留人看护现场。

六、联系电话（见表B-6）

表B-6　各部门联系电话

序号	部门	联系人	电话
1	医疗急救		120
2	交通事故报警		110
3	高速报警		12122
4	本单位车辆管理部门		
5	本单位领导		

【方案七】工作人员应对动物（犬）袭击事件现场处置方案

一、工作场所

××公司外出作业过程中。

二、事件特征

工作人员在外出作业过程中,遭遇动物(犬)袭击。

三、现场人员应急职责

(1)现场自救。

(2)汇报事件情况。

四、现场应急处置

1. 现场应具备条件

(1)棍棒或棒状工具。

(2)通信工具及上级、急救部门电话号码。

(3)急救药品。

2. 现场应急处置程序及措施

(1)大声呼救、使用棍棒或棒状工具驱赶袭击动物(犬)。

(2)若被动物(犬)咬伤,应利用携带的急救药品进行救治。

(3)送伤员到医院救治或拨打120急救电话求救。单人巡视向路人求助或自行拨打120求救,并向上级求援。

(4)向上级汇报人员受伤及救治等情况。

五、注意事项

(1)驱赶袭击动物(犬)过程中,应做好自我防护,防止受到伤害。

(2)被动物(犬)咬伤后应尽早注射狂犬疫苗。

六、联系电话(见表B-7)

表B-7 各部门联系电话

序号	部门	联系人	电话
1	医疗急救		120
2	本单位安监部门		
3	本单位领导		